21世纪高职高专规划教材

计算机应用系列

关忠　主编

金颖　翟然　马涛　副主编

Java程序设计实例教程

清华大学出版社

北京

内容简介

《Java程序设计》是计算机专业重要的基础课程，也是计算机网络及软件相关专业中常设的一门课。本书采用“任务驱动、案例教学”的方法，突出“实例与理论的紧密结合”，主要介绍Java开发和运行环境、Java基本语法、面向对象程序设计、图形用户界面设计、文件输入输出流操作、线程以及网络和数据库开发基础等知识，并通过指导学生实训、加强实践，以达到学以致用、强化技能培养的目的。

由于本书具有知识系统、案例丰富、语言简洁、突出实用性、适用范围广及便于学习等特点，且采取新颖、活泼的版面设计风格，因此本书适用于高职高专及各类院校计算机应用及网络专业的教学，也可用于广大企事业单位IT从业人员的职业教育和在职培训，对于社会自学者也是一本有益的科技读物。

图书在版编目（CIP）数据

Java程序设计实例教程 / 关忠主编．—北京：清华大学出版社，2011.2
（21世纪高职高专规划教材．计算机应用系列）
ISBN 978-7-302-24678-7

Ⅰ．①J…　Ⅱ．①关…　Ⅲ．①JAVA语言－程序设计－高等学校：技术学术－教材
Ⅳ．①TP312

中国版本图书馆CIP数据核字(2011)第014791号

责任编辑： 田　梅
责任校对： 刘　静
责任印制： 李红英
出版发行： 清华大学出版社　　**地　址：** 北京清华大学学研大厦A座
http://www.tup.com.cn　　**邮　编：** 100084
社　总　机： 010-62770175　　**邮　购：** 010-62786544
投稿与读者服务： 010-62776969，c-service@tup.tsinghua.edu.cn
质　量　反　馈： 010-62772015，zhiliang@tup.tsinghua.edu.cn
印　装　者： 清华大学印刷厂
经　销： 全国新华书店
开　本： 185×260　**印　张：** 13　**字　数：** 292千字
版　次： 2011年2月第1版　　**印　次：** 2011年2月第1次印刷
印　数： 1～3000
定　价： 25.00元

产品编号：036779-01

丛书编委会

序言

PREFACE

微电子技术、计算机技术、网络技术、通信技术、多媒体技术等高新科技日新月异的飞速发展和普及应用，不仅有力地促进了各国经济发展，加速了全球经济一体化的进程，而且使当今世界迅速跨入到信息社会；以计算机为主导的计算机文化，正在深刻地影响着人类社会的经济发展与文明建设，以网络为基础的网络经济，正在全面地改变着人们传统的生活方式、工作方式和商务模式。

随着我国改革开放进程的加快、伴随着我国加入 WTO 以及我国市场经济体制的不断完善与发展，中国经济正在迅速融入世界经济，中国市场国际化的特征越来越明显。中国经济持续高速增长，进入到了一个最为活跃的经济发展时期。这一切都离不开高新科技的支持，都需要计算机、网络、通信、多媒体等现代化技术手段的支撑。为此，国家出台了一系列关于加强计算机应用和推动国民经济信息化进程的文件及规定，启动了电子商务、电子政务、金税等富有深刻意义的重大工程，加速推进“金融信息化、财税信息化、企业信息化和教育信息化”，全国掀起了新一轮的计算机学习与应用的热潮。

当今的时代处于网络化和信息化时代，很多工作都已经计算机化、网络化。随着我国国民经济信息化进程的加快，更加强调计算机应用与行业、企业的结合，更注重计算机应用与本职工作、具体业务的结合，计算机应用与本职工作结合的深度和广度已成为评价和考察一个人能否就业上岗、是否胜任本职工作的重要条件。目前，我国正处于改革与发展的关键时期，面对激烈的市场竞争和就业上岗的巨大压力，无论是即将毕业的各类学生还是下岗、转岗的待业人员，努力学习计算机、熟练操作计算机，真正掌握好现代化科技工具，对于今后的发展都具有特殊意义。

针对我国高职教育“计算机应用”等信息技术应用专业知识老化、教材陈旧、重理论轻实践、缺乏实际操作技能训练等问题，为了适应我国国民经济信息化发展对计算机应用人才的需要，为了全面贯彻国家教育部关于“加强职业教育”的精神和“强化实践实训、突出技能培养”的要求，根据企业用人与就业岗位的真实需要，结合高职高专院校“计算机应用”和“网络安全”等专业的教学计划及课程设置与调整的实际情况，我们组织北京联合大学、北方工业大学、北京财贸职业学院、首钢工学院、北方工业技术学院、北京石景山社区学院、北京城市学院、北京西城经济科学大学、北京朝阳社区学院、北京宣武社区学院、黑龙江工商大学等全国30多所高校及高职院校多年在一线从事计算机教学的主讲教师和具有丰富实践经验的企业人士共同撰写了这套教材。

本套丛书包括：《计算机基础实例教程》、《微机组装（DIY）与维护》、《多媒体案例教程》、《办公自动化应用技术》、《Visual Basic. NET基础教程》、《SQL Server数据库案例教程》、《网页设计与制作实用教程》、《中小企业网站建设与管理》、《计算机网络管理与安全》、《管理信息系统》、《电子商务案例》、《Java程序设计实例教程》12本书。在编写过程中，所有作者都自觉地以科学发展观为指导思想，严守统一的创新型格式化设计，采取任务制或项目制写法，贴近行业企业岗位实际，注重实用性技术与能力的训练培养，注重实践技能应用与工作背景紧密结合，同时也注重计算机、网络、通信、多媒体等现代化信息技术的新发展，使教材具有集成性、系统性、针对性、实用性、形式新颖和易于实施教学等特点。

本套教材不仅适合高职高专“计算机应用”和“网络安全”等专业及经济管理、税务、财会、金融类各专业学生的学历教育，同时也可适用于广大工商流通企事业单位从业人员的职业教育和在职培训，对于社会自学者也是一本有益的读物。

系列教材编委会

2009年9月

前言

FOREWORD

随着微电子技术的崛起，电子计算机、网络通信、多媒体等 IT 信息技术的应用发展日新月异，作为信息化的核心支撑和关键技术，程序设计、软件开发、系统集成、网络布设等不仅在企业经营、政府管理、社会生活中发挥着重要作用，而且有力、有效地促进和推动着国民经济信息化快速发展的进程。

跨平台网络语言——Java，在网络开发、网络系统集成、网络应用中发挥着重要作用，并伴随互联网的广泛应用而得以迅速普及。“Java 程序设计”是计算机专业重要的基础课程，也是计算机网络及软件相关专业中常设的一门专业课，当前，学好 Java 程序设计语言已经成为网站及网络信息系统从业工作的先决和必要条件。

目前我国正处于经济改革与社会发展的关键时期，随着国民经济信息化、企业信息技术应用的迅猛发展，面对 IT 市场的激烈竞争和就业上岗的巨大压力，无论是即将毕业的“计算机应用”、“网络安全”专业学生，还是从业在岗的 IT 工作者，努力学好、用好 Java 程序设计语言，真正掌握好现代化编程工具，对于今后的发展具有特殊意义。

本书注重学习者应用能力的培养与提高，严格按照教育部关于“加强职业教育、突出实践技能培养”的要求，根据高职高专教学改革的需要，采用“任务驱动、案例教学”的方法，依照学习应用的基本过程和规律，以案例剖析的方式，结合知识要点循序渐进地进行讲解。

全书共 7 章，内容包括 Java 开发和运行环境、Java 基本语法、面向对象程序设计、图形用户界面设计、文件输入输出流操作、线程、跨平台网络和数据开发基础，以及目前业界选择使用的主流开发工具、编程与调试方法等，并通过指导学生实训、加强实践，以达到学以致用、强化技能培养的目的。

本书作为高等职业教育“计算机应用”及“网络安全”专业教学的特色教材，突破原有其他教材的写作模式，注重基础知识，注重实践能力和操作技能的培养与提高，并具有知识系统、内容翔实、案例丰富、语言简洁、突出实用性、适用范围宽泛及便于学习等特点，且采取新颖、活泼、统一的版面设计风格，因而本书既适用于高职高专及各类院校“计算机应用”及“网络安全”专业的教学，也可以用于广大企事业单位IT从业人员的职业教育和在职培训，对于社会自学者也是一本有益的科技读物。

本书由李大军进行总体方案策划并具体组织，由关忠担任主编，对全书内容进行了统改，金颖和翟然为副主编，全书由我国信息化网络系统专家周鹏高级工程师审定。编写人员分工：金颖（第1章、第2章），张春艳、马涛（第3章），翟然（第4章），刘育熙（第5章），秦轶翚（第6章），关忠（第7章），张慈、许辰（附录A），吴霞、马瑞奇（附录B），刘晓晓（附录C）；华燕萍(负责版式调整)。

在本书的编著过程中，我们参阅和借鉴了中外有关Java程序设计与应用的最新书刊资料，并得到编委会有关专家教授的具体指导，在此一并致谢。为了方便教师教学，本书配备了Java程序组，可以登录清华大学出版社网站（www.tup.com.cn）下载。由于作者水平有限，书中难免存在疏漏和不足，因此恳请专家、同行和读者予以批评指正。

编　者

2010年11月

目录

CONTENTS

第 1 章

你好，Java

引言

Java 是一种简单易用、完全面向对象、安全可靠、主要面向 Internet 且具有最好的跨平台可移植性的开发工具。从本章开始将带领读者进入 Java 这个全新的领域。

本章将通过一些比较简单的实例，使读者对 Java 获得初步的认识，掌握 Java 程序设计中最基础的知识。

1.1 基础实例

本节将通过一个简单而完整的实例来说明 Java 程序的典型开发过程。Java 是解释执行的编程语言，所以 Java 程序的开发通常需要经过编写源程序、编译生成字节码文件和运行等几个过程。

1.1.1 编写步骤

首先，执行"开始"→"所有程序"→"附件"→"记事本"命令，打开记事本，然后，在记事本中输入以下内容：

```
1    //MyFirstJavaApplication.java
2    public class MyFirstJavaApplication{
3        public static void main(String args[]){
4            System.out.println("你好,Java!");
5        }
6    }
```

输入完成后，执行"文件"→"保存"命令，在打开的"另存为"对话框中，选择相应的保存位置，并将文件名设置为 MyFirstJavaApplication.java，将保存类型设置为"所有文件"。最后，单击"保存"按钮，即可完成第一个 Java 程序的编写工作。

小提示

Java 语言是严格区分大小写的，所以在输入程序时，应特别注意大小写问题，以免出错。

1.1.2 运行结果

执行“开始”→“运行”命令，在打开的“运行”对话框中输入 cmd，单击“确定”按钮，或执行“开始”→“所有程序”→“附件”→“命令提示符”命令，在打开的“命令提示符”窗口中，使用 JDK 中的 javac 命令编译源文件 MyFirstJavaApplication. java，语句如下：

```
javac MyFirstJavaApplication.java
```

编译完成后，在源文件所在的文件夹中会生成一个名为 MyFirstJavaApplication. class 的字节码文件。然后，使用 JDK 中的 java 命令运行字节码文件 MyFirstJavaApplication. class，命令如下：

```
java MyFirstJavaApplication
```

该 Java 程序运行后，会在“命令提示符”窗口中输出相应信息，如图 1-1 所示。

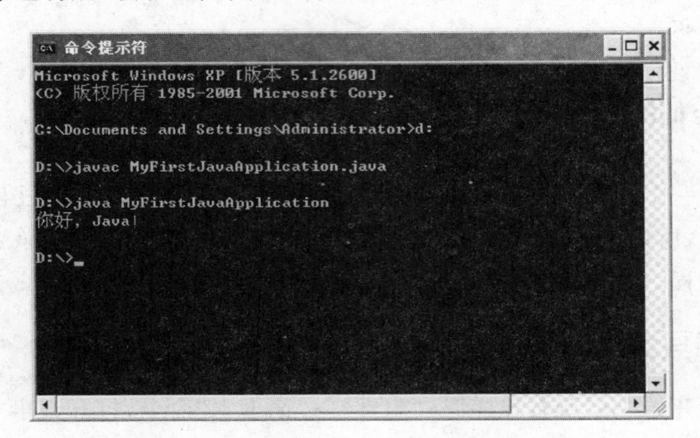

图 1-1　MyFirstJavaApplication 程序的运行结果

1.2 基础知识——Java 程序设计基础

通过基础实例，相信读者已经对 Java 有了一个初步的认识。下面就开始介绍使用 Java 语言进行程序设计的相关基础知识。

1.2.1 Java 的开发运行环境

SUN 公司提供了自己的一套 Java 开发环境，通常称为 JDK（Java Development Kit），并且提供了多种操作系统下的 JDK。随着时间的推移和技术的进步，JDK 的版本也在不断升级，如 JDK 1.2、JDK 1.3、JDK 1.4 等，目前最新版本是 JDK 6（也就是 JDK 1.6）。

不同操作系统下的 JDK 的各种版本在使用上相似，可以根据自己的使用环境，从 SUN 公司的网站 http://java.sun.com 上下载相应的版本。本书中所使用的都是基于 Windows 平台的 JDK 6。

Windows 下的 JDK 的安装过程非常简单，这里就不多说了。安装完成后，这个工具包中的所有内容都被存放在 JDK 安装文件夹中，其中的 bin 文件夹中包含了所有相关的可执行文件，如图 1-2 所示。

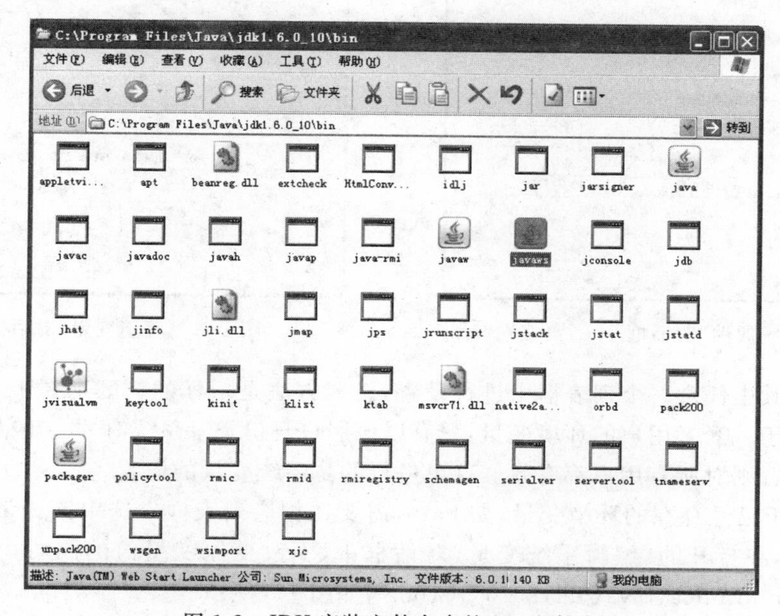

图 1-2　JDK 安装文件夹中的 bin 文件夹

在 bin 文件夹中，java.exe 是 Java 的编译工具，Java 源文件的扩展名为.java，源文件被编译后会在其所在的文件夹中生成相应的字节码文件，字节码文件的扩展名为.class；java.exe 是 Java 的解释工具，负责解释执行 Java 字节码文件。

安装 JDK 后，如果像上节中介绍的那样，使用记事本编写 Java 程序，在“命令提示符”窗口中使用相关命令对 Java 程序进行编译并解释执行，通常需要对系统中的 Path 和 CLASSPATH 这两个环境变量进行设置。

(1) Path：用于设置外部命令搜索路径。

(2) CLASSPATH：用于设置类资源位置搜索路径。

下面以 Windows XP 为例介绍如何设置系统环境变量。

(1) 执行“开始”→“控制面板”命令，在打开的“控制面板”窗口中双击“系统”图标。或右击“我的电脑”图标，在弹出的快捷菜单中执行“属性”命令。

(2) 在打开的“系统属性”对话框中选择“高级”选项卡，如图 1-3 所示。

(3) 单击“环境变量”按钮，在打开的“环境变量”对话框中有上下两个列表框，上面的列表框名为“×××的用户变量”(在这里是 Administrator，即管理员的用户变量)，下面的列表框名为“系统变量”，如图 1-4 所示。

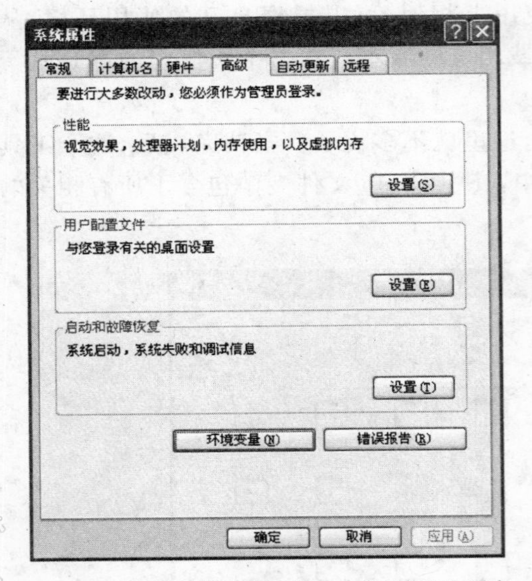

图 1-3 “系统属性”对话框——“高级”选项卡

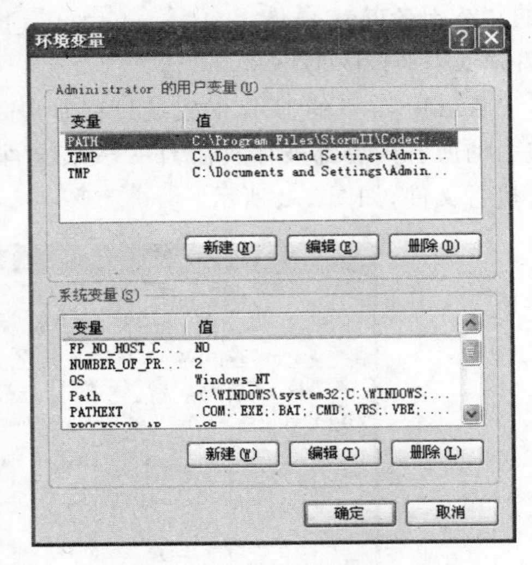

图 1-4 “环境变量”对话框

可以在其中任意一个列表框中进行设置，设置方法是一样的。区别在于上面列表框中的设置用于×××用户的环境变量，只有以该用户身份登录系统时才会生效，而下面列表框中的设置则对所有用户都有效。这里进行的是系统变量的设置。

(4) 对于已经存在的环境变量，如 Path，需要在相应列表框中选中该变量，然后单击“编辑”按钮，在打开的“编辑系统变量”对话框中，不改变原变量值的同时，在后面增加“;C:\Program Files\Java\jdk1.6.0_10\bin”，如图 1-5 所示。

最后，单击“确定”按钮，完成对 Path 环境变量的编辑。

(5) 对于不存在的环境变量，如 CLASSPATH，直接单击“新建”按钮，在打开的“新建系统变量”对话框中，输入变量名 CLASSPATH，再输入变量值“;C:\Program Files\Java\jdk1.6.0_10\lib;C:\Program Files\Java\jdk1.6.0_10\lib\tools.jar”，如图 1-6 所示。

图 1-5 “编辑系统变量”对话框

图 1-6 “新建系统变量”对话框

最后，单击“确定”按钮，完成对 CLASSPATH 环境变量的创建。

(6) 设置完环境变量后，就可以开始编写 Java 程序了。

小提示

Path 环境变量的变量值应该设置成当前系统 JDK 安装文件夹中的 bin 子文件夹。

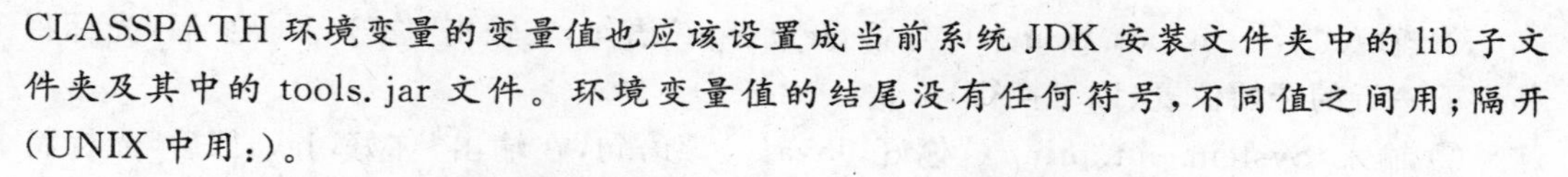

CLASSPATH 环境变量的变量值也应该设置成当前系统 JDK 安装文件夹中的 lib 子文件夹及其中的 tools. jar 文件。环境变量值的结尾没有任何符号，不同值之间用；隔开（UNIX 中用：）。

CLASSPATH 变量值中的. 表示当前目录。为了简化设置，可以设置 Java_HOME 环境变量，来说明当前系统下的 JDK 安装文件夹。在设置 Path 和 CLASSPATH 环境变量时，使用"%Java_HOME%"来代替 JDK 的安装文件夹。

1.2.2　Java 程序的基本结构

使用 Java 可以开发出两种不同的 Java 程序：Java Application（Java 应用程序）和 Java Applet（Java 小应用程序）。下面就来介绍这两种 Java 程序的基本结构。

1. Java 应用程序

在 1.1 节所编写的就是典型的 Java 应用程序，其主要由以下部分组成。

（1）注释

用//开头的一行为注释行。在程序中加入适当的注释，有助于提高程序的可读性，系统在运行程序时不会执行注释行。一般每个程序都应该以一个描述程序目的的注释开始。

（2）类定义

Java 程序的基本组成部分是类（Class），且每个独立的 Java 程序均由至少一个类的定义构成。如基础实例中的 MyFirstJavaApplication 类。在一个 Java 程序文件中可以定义多个类，但仅允许至多有一个公共类（Public Class），而且源程序文件名要与公共类的名称完全相同（注意大小写也要完全一致）。

Java 程序类定义的基本格式如下：

```
[类的修饰符] class 类名{
    构成类的实体的各种代码
}
```

（3）main 方法

Java 应用程序执行的起点是 main()方法，因此在每个 Java 应用程序中必须有且只能有一个 main()方法，且如果有公共类，该方法必须定义在公共类中。main 方法有固定的书写格式：

```
public static void main(String args[]){
    …
}
```

（4）方法实现

在 Java 程序中由方法体实现程序要完成的功能，方法的实现由一个个语句组成。每个语句都必须以；结束。在基础实例中只有一个语句，它的作用就是在"命令提示符"窗口中输出相应的内容。

在"命令提示符"窗口中输出结果，主要有以下两种方法。

① 输入“System. out. println("你好,Java!");”语句,在输出“你好,Java!”后,光标将移到下一行的开始位置(回车换行)。

② 输入“System. out. print ("你好,Java!");”语句,在输出“你好,Java!”后,光标将停留在当前位置(不回车换行)。

(5) Java 应用程序的执行

Java 应用程序的执行过程如图 1-7 所示。

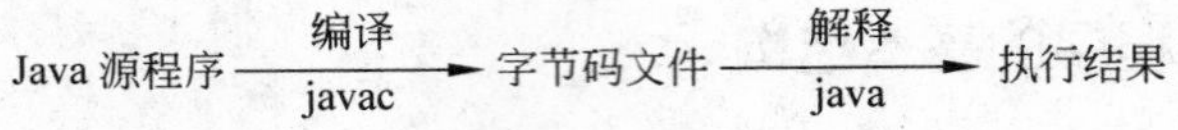

Java 源程序 —编译/javac→ 字节码文件 —解释/java→ 执行结果

图 1-7 Java 应用程序的执行过程

2. Java 小应用程序

Java 小应用程序也是使用 Java 语言编写的一段程序代码,但是必须将其嵌入到 HTML 语言中,在浏览器环境中运行。以下就是一个简单的 Java 小应用程序,其功能与基础实例中的 Java 应用程序类似,也是输出相应的内容,只是输出结果显示在网页中。

```
1     //filename: MyFirstJavaApplet.java
2     //A first Applet in java
3     import java.awt.Graphics;
4     import java.applet.Applet;
5     public class MyFirstJavaApplet extends Applet{
6         public void paint(Graphics g) {
7             g.drawString ("你好,Java!",25, 25);
8         }
9     }
```

(1) 装载类库

使用 import 语句可以装载 Java 程序中所需要的类。在一个 Java 源文件中可以有多条 import 语句,要用;进行分隔。编写 Java 小应用程序至少需要装载两个类。

(2) 类定义

所有的 Java 小应用程序都继承自 Applet 类,因此在 Java 小应用程序中至少有一个类的类定义格式如下:

```
[类的修饰符] class 类名 extends Applet{
    构成类的实体的各种代码
}
```

(3) 方法定义

Java 小应用程序通过方法 paint()在小应用程序界面中输出内容,paint()要求以 Graphics 类的对象 g 作为参数。

(4) 方法实现

通过 Graphics 类的对象 g,调用其中的方法 drawString 来完成字符串的输出。drawString 方法的第一个参数是要输出的字符串,第二个参数是输出位置的横坐标,第三个参数是输出位置的纵坐标。

(5) Java 小应用程序的执行

Java 小应用程序的执行过程如图 1-8 所示。

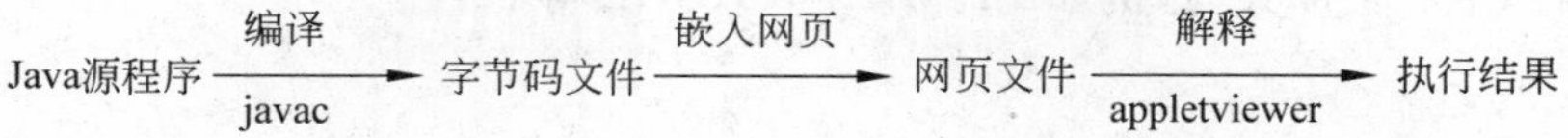

Java源程序 —编译 javac→ 字节码文件 —嵌入网页→ 网页文件 —解释 appletviewer→ 执行结果

图 1-8　Java 小应用程序的执行过程

注意，由于 Java 小应用程序不是一个能够单独运行的程序，需要借助于支持 Java 的浏览器来运行，因此需要将其嵌入到 HTML 文件中，具体方法如下：

```
<html>
    <head>
        <title>An Java Applet Example</title>
    </head>
    <body>
        <applet code="MyFirstJavaApplet.class" width="400" height="200">
        </applet>
    </body>
</html>
```

其中，<applet>标记用于启动 Java 小应用程序，code 属性用于指明要执行的字节码文件，width 和 height 用于指明 Java 小应用程序所占的宽度和高度。

1.2.3　Java 的基本语法格式

任何一种语言都有一个基本的语法格式。Java 语言是由标识符及各种符号构成的，本节将主要介绍相关的基本语法格式。

1. 标识符

在 Java 语言中，标识符用于为各种变量、数组、方法、类、对象、接口、包等命名。Java 标识符的命名规则如下。

(1) Java 标识符由字母、数字、下画线(_)和美元符号($)组成，长度不限。

(2) Java 标识符的第一个字母必须是字母、下画线(_)或美元符号($)。

(3) 尽可能避免使用含 $ 符号的标识符，因为它们常被编译器用来创建标识符。

(4) Java 标识符严格区分大小写。

(5) 用户不能直接使用 Java 语言中的关键字作为标识符，但是可以将关键字作为标识符的一部分。

(6) 在同一作用域内，一般不允许有同名的标识符。

为了提高程序的可读性，标识符的命名最好能够做到“见名知义”，而且规范大小写的使用方式。在通常情况下，对于标识符有以下一些风格约定。

(1) _和 $ 一般不作为变量名、方法名的开头。

(2) 包名：全部小写，例如 java、applet、awt 等。

(3) 接口名、类名：每个单词的首字母都要大写，例如，MyFirstJavaApplication、System、Graphics 等。

(4) 变量名、对象名、方法名：第一个单词全部小写，其余单词只有首字母大写，例如 anyVariableWorld、drawString 等。

(5) 常量名：全部大写，例如 PI、MAX_VALUE 等。

小提示

Java 程序采用 16 位的 Unicode 字符集，若采用其他字符集，则在编译时转换成 Unicode 字符。目前使用广泛的 ASCII 字符集可以视为 Unicode 字符集的一个子集。

2. 关键字

关键字是由 Java 语言定义的、具有特殊含义的字符序列。每个关键字都有一种特定的含义，不能将关键字作为普通标识符来使用。所有的 Java 关键字一律用小写字母表示。

Java 语言的关键字见表 1-1，后面将一一进行介绍。

表 1-1　Java 关键字

abstract	boolean	break	byte	case	catch	char	class
continue	default	do	double	else	extends	false	final
finally	float	for	if	implements	import	instanceof	int
interface	long	native	new	null	package	private	protected
public	return	short	static	super	switch	synchronized	this
throw	throws	transient	true	try	void	volatile	while

小提示

goto 和 const 虽然在 Java 中从未被使用过，但也被作为 Java 关键字保留，因此不能将它们直接作为标识符。

3. 分隔符

Java 程序的分隔符用于区分 Java 源程序中的基本成分，分为注释、空白符和普通分隔符 3 种。

(1) 注释

在程序中适当地加入注释是一种良好的编程习惯，这样会提高程序的可读性。注释不能放在一个标识符或关键字之中，也就是说，要保证程序中最基本元素的完整性。注释不会影响程序的执行结果，编译器将忽略注释。

在 Java 中主要有以下 3 种注释形式。

① 单行注释：//注释部分——只对当前行有效。

② 多行注释：/* 注释部分 */。

③ 文档注释：/**注释部分 */。

JDK 中提供了一个文档自动生成工具 javadoc，在自定义类中 public 的成员前以

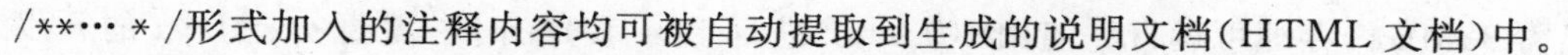

/**…*/形式加入的注释内容均可被自动提取到生成的说明文档(HTML 文档)中。

(2) 空白符

空白符包括空格、回车、换行和制表符(Tab 键)。各种 Java 基本成分之间的多个空白符与一个空白符的作用相同。在编译过程中，编译器会忽略空白符。在程序中适当地使用空白符，可以增强程序的可读性。

(3) 普通分隔符

普通分隔符具有确定的含义，不能用错。它主要包括如下 4 种分隔符。

① {}大括号：用于定义语句块，例如，定义类体、方法体和复合语句以及数组的初始化等。

② ;分号：用于作为语句结束的标志。

③ ,逗号：用于区分方法的各个参数，区分声明的各个变量。

④ :冒号：用于作为语句的标号。

1.3 扩展知识——常用的 Java 集成开发环境

随着 Java 及其相关开发应用的发展，Java 开发环境也得到了不断完善。目前，大多数程序员都会使用 Java 集成开发环境(Integrated Development Environment，IDE)来进行 Java 程序的开发。

为了提高 Java 开发人员的开发效率，Java 集成开发环境主要从两个方面进行改进与提高：一方面是提高集成在 Java 集成开发环境当中的开发工具的性能和易用性；另一方面是将 Java 集成开发环境尽可能地覆盖到软件的整个开发生命周期。

下面将介绍当前常用的几种 Java 集成开发环境。

1.3.1 JCreator

JCreator 是一个小巧灵活的 Java 程序开发工具，也是一个 Java 集成开发环境。无论是要开发 Java 应用程序还是网页上的 Applet 元件都可以使用它。它将 Java 程序的编写、编译、运行和调试都集成到自身的环境中，开发人员可以直接进行开发，且无须进行环境变量的设置。在使用上与 SUN 公司所公布的 JDK 等文本模式开发工具相比更加容易，还允许使用者自定义操作界面，能随意重做/撤销。

JCreator 为用户提供了相当强大的功能，例如，项目管理功能、项目模板功能、向导功能，可个性化设置语法高亮属性、行数、类浏览器、标签文档、多功能编译器，以及完全可自定义用户界面。通过 JCreator，不用激活主文档，就能够直接编译或运行 Java 程序。

JCreator 能自动找到包含主函数的文件或包含 Applet 的 HTML 文件，然后运行适当的工具。在 JCreator 中，可以通过一个批处理同时编译多个项目。

JCreator 的界面接近 Windows 界面风格，用户对它的界面比较熟悉。其最大特点是与系统中所安装的 JDK 的完美结合，这是其他任何一款 IDE 所不能比拟的。它是一种初学者很容易上手的 Java 开发工具，缺点是只能进行简单的 Java 程序开发，而不能进行企业 J2EE 的开发应用。

JCreator 是共享软件，主要用于开发基于 Java 的应用程序。安装后只有 4MB 左右，

且只需 32MB 内存即可运行。使用 JCreator 进行 Java 程序开发，需要安装 Java 的开发工具包(JDK)。由于 JCreator 安装程序本身并不附带，所以需要先安装 JDK 再安装 JCreator，之后才能利用 JCreator 进行开发。

JCreator 有两个常用版本：JCreator LE 和 JCreator Pro。LE 版本是自由软件，功能上受到一些限制，但是免费版本。Pro 版本功能最全，但这个版本是一个共享软件，需要收费。JCreator 目前的最新版本为 4.5，如图 1-9 所示。

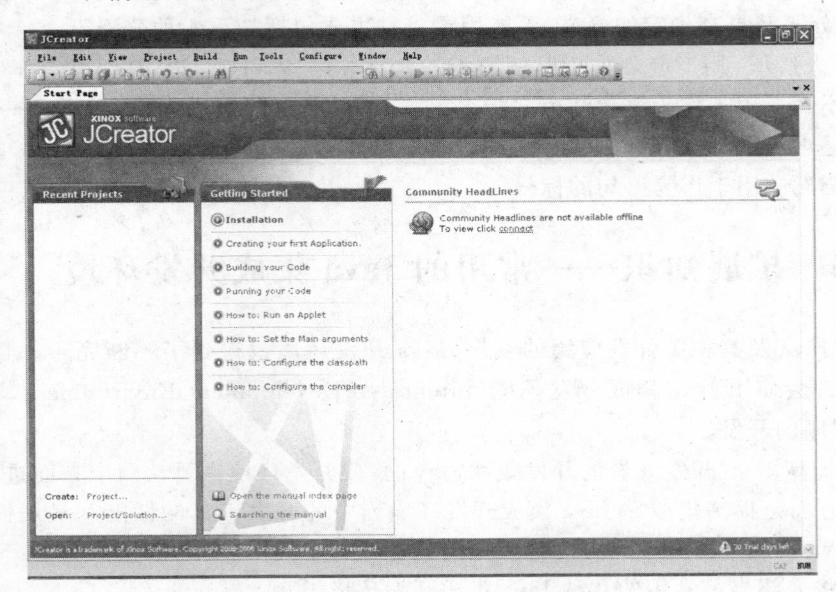

图 1-9　JCreator 操作界面

1.3.2　JBuilder

JBuilder 是由 Borland 公司针对 Java 开发的开发工具，使用 JBuilder 可以快速、有效地开发出各类 Java 程序。但是它使用的 JDK 与 SUN 公司的标准 JDK 不同，它经过了较多的修改，以便于开发人员能够像开发 Delphi 应用程序那样开发 Java 应用程序。

JBuilder 的核心有一部分采用了 VCL(Visual Component Library，可视化组件库)技术，使得程序的条理非常清晰，就算是初学者，也能看懂整个代码。JBuilder 的另一个特点是简化了团队合作，它采用的互联网工作室技术使不同地区，甚至不同国家的人联合开发一个项目成为可能。

JBuilder 的主要特点有如下几个。

(1) JBuilder 支持最新的 Java 技术，包括 Applets、JSP/Servlets、JavaBean 以及 EJB(Enterprise JavaBeans)的应用。也正是因为如此，随着 JDK 的不断更新，JBuilder 也会随之更新，所以 JBuilder 比其他开发工具的更新速度要快很多。

(2) 用户可以自动地生成基于后端数据库表的 EJB Java 类，JBuilder 同时还简化了 EJB 的自动部署功能。此外它还支持 CORBA(Common object Request Broker Architecture，公共对象请求代理体系结构)，相应的向导程序有助于用户全面地管理 IDL(Interface Definition

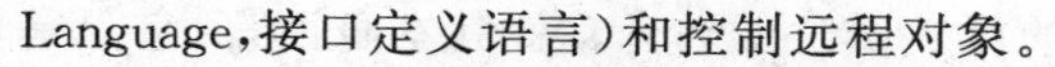

Language，接口定义语言）和控制远程对象。

（3）JBuilder 支持各种应用服务器。JBuilder 与 Inprise Application Server 紧密集成，同时支持 WebLogic Server，支持 EJB 1.1 和 EJB 2.0，可以快速开发 J2EE 的电子商务应用。

（4）JBuilder 能用 Servlet 和 JSP 开发、调试动态 Web 应用。

（5）利用 JBuilder 可以创建（没有专有代码和标记）纯 Java 2 应用。由于 JBuilder 是用纯 Java 语言编写的，其代码不含任何专属代码和标记，它支持最新的 Java 标准。

（6）JBuilder 拥有专业化的图形调试界面，支持远程调试和多线程调试，调试器支持各种 JDK 版本，包括 J2ME、J2SE 和 J2EE。利用 JBuilder 开发环境开发程序比较方便，缺点是开始时人们往往难以把握整个程序各部分之间的关系，对机器的硬件要求较高，占用的内存较多，这时运行速度显得较慢。

JBuilder 的发展并不顺畅，从早期 JBuilder 1～3 版本在 Java 开发工具竞争场中苦苦追赶对手，到 JBuilder 4～8 版本时期雄霸 Java 开发工具王者的宝座，JBuilder 可以说是在备尝艰辛之后才拥有光荣的。但是许多人并不知道 JBuilder 在 Borland 内部的定位非常奇怪，也正是因为如此 JBuilder 9 之后的版本逐渐被其他 Java 开发工具夺去市场。JBuilder 目前的最新版本为 JBuilder 2008，如图 1-10 所示。

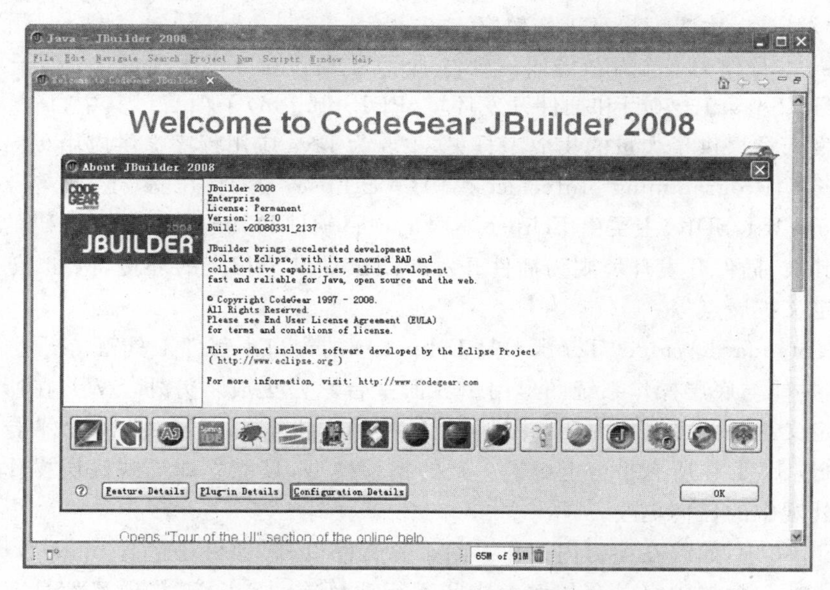

图 1-10　JBuilder 2008 的操作界面

1.3.3　Eclipse 和 MyEclipse

1. Eclipse

（1）概述

Eclipse 是著名的跨平台自由集成开发环境（IDE）。最初，主要用于进行 Java 程序开发，但是目前也有人通过插件使其成为其他计算机语言，例如 C++ 和 Python 的开发工具。

Eclipse 是一个开放源代码的、基于 Java 的可扩展开发平台。就其本身而言，它只是一个框架和一组服务，用于通过插件组件构建开发环境。众多插件的支持使得 Eclipse 拥有其他功能相对固定的 IDE 软件很难具有的灵活性。许多软件开发商都以 Eclipse 为框架来开发自己的 IDE。

Eclipse 的前身是 IBM 的 Visual Age for Java，IBM 投入了 3 千万美元。Eclipse 是可扩展的体系结构，可以集成不同软件开发供应商开发的产品，将他们开发的工具和组件加入到 Eclipse 平台中。

随着 Java 应用的日渐广泛，各大主要软件供应商都参与到 Eclipse 架构的开发中，使得 Eclipse 插件数量与日俱增，其中，IBM 的 WebSphere Studio Workbench 就是突出的例子。Eclipse 平台的免费，架构的成熟，行业协会 Eclipse 基金会的支持，使得其成为很多 Java 开发都采用的架构。如今，IBM 通过其附属的研发机构 OTI(Object Technology International)继续完善 Eclipse 工具。

(2) Eclipse 的结构和内核

插件(Plug-in)是遵循一定规范的应用程序结构编写出来的程序，也称为扩展，不同于组件。Eclipse 正是一个精心设计的、可扩展的核心结构。通过插件的形式，可以将自己需要的扩展开发工具集成到 Eclipse 平台核心，从而可以避免因工具不兼容所带来的麻烦，降低开发成本，大幅度提高工作效率。

Eclipse 本身作为一个开放源码的软件项目，主要包含 3 个子项目：平台子项目、Java 开发工具(JDT-java)子项目和插件开发环境(PDE-plug-in)子项目。其中，Java 开发工具 JDT 为开发人员提供了大量的集成工具集，主要为 Java 应用程序提供应用程序编程接口(Application Programming Interface，API)。Eclipse 软件开发工具箱(Software Development Kit，SDK)主要由 Eclipse 本身的项目软件和其他一些开发源码的第三方软件组成。其次，插件开发环境则为插件开发和测试提供了相应的环境，例如，创建插件清单文件和定义扩展点等。

SWT(Standard Widget Toolkit)是 Eclipse 中的窗口小部件工具箱，它是一组窗口组件的实现，并能与底层操作系统图形用户界面平台紧密集成。另外，SWT 在所有支持其的平台上定义了公共可移植 API，并尽可能地使用本机窗口小部件在每个平台上实现该 API，这允许 SWT 在所有平台上维护一致的编程模型，且能立即反映底层操作系统图形用户界面外观中的任何更改。

在 Eclipse 中，始终在项目内工作。除了源文件以外，项目还包含 meta 数据，用于说明类路径上所包含的内容以及如何生成和运行项目等。Eclipse 将项目信息存储在一个项目文件夹中，该文件夹包括一个 Ant 生成脚本和一个属性文件(它们用于控制生成和运行设置)，还包括一个 project. xml 文件(该文件用于将 Ant 目标映射到 IDE 命令)。

注意：虽然在默认情况下 Eclipse 将源目录放置在项目文件夹内，但是源目录并非必须位于项目文件夹中。

Eclipse 目前的最新版本为 Eclipse 3. 5. 2。

2. MyEclipse

MyEclipse 是一个十分优秀的用于开发 Java、J2EE 的 Eclipse 插件集合。MyEclipse

的功能非常强大，支持也十分广泛，尤其是对各种开放式源代码产品的支持非常好。MyEclipse 目前支持 Java Servlet、AJAX、JSP、JSF、Struts、Spring、Hibernate、EJB3、JDBC 数据库连接工具等。可以说 MyEclipse 是几乎囊括目前所有主流开放式源代码产品的专属 Eclipse 开发工具。

MyEclipse 企业级工作平台（MyEclipse Enterprise Workbench ，简称 MyEclipse）是对 Eclipse IDE 的扩展，利用它可以在数据库和 J2EE 的开发、发布，以及应用程序服务器的整合方面极大地提高工作效率。它是功能丰富的 J2EE 集成开发环境，包括了完备的编码、调试、测试和发布功能，完整支持 HTML、Struts、JSF、CSS、JavaScript、SQL、Hibernate。

在结构上，MyEclipse 的功能可以分为 7 类。

① J2EE 模型。

② Web 开发工具。

③ EJB 开发工具。

④ 应用程序服务器的连接器。

⑤ J2EE 项目部署服务。

⑥ 数据库服务。

⑦ MyEclipse 整合帮助。

对于以上的每一种功能，在 MyEclipse 中都有相应的功能部件，并通过一系列的插件来实现它们。MyEclipse 结构上的这种模块化，使得用户可以在不影响其他模块的情况下，对任一模块进行单独的扩展和升级。

简单而言，MyEclipse 是 Eclipse 的插件，也是一款功能强大的 J2EE 集成开发环境，由 Genuitec 公司发布。目前的最新版本为 MyEclipse 8.0 GA，如图 1-11 所示。但是 MyEclipse 是收费的，而 Eclipse 是免费的，对于学习 Java 的用户来说成本比较低，所以后面的例子都是使用 Eclipse 来进行开发的。

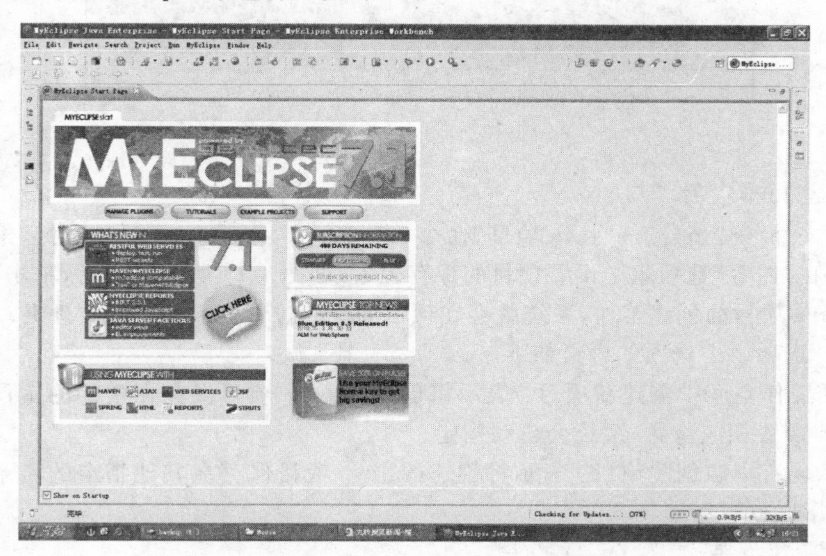

图 1-11 MyEclipse 操作界面

1.4 扩展实例

本节中将使用 Eclipse 来开发一个简单的 Java 应用程序。通过实例使读者熟悉 Eclipse 开发环境，本书后面的程序示例都会使用 Eclipse 来进行开发。

1.4.1 编写步骤

到 Eclipse 官方网站 http://www.eclipse.org 上下载 Eclipse，会得到一个扩展名为.zip 的压缩文档，将其解压缩到相应位置就可以使用了。不过，注意安装 Eclipse 之前，要先安装 JDK。

1. 启动 Eclipse

双击 Eclipse 文件夹中的名为 Eclipse 的可执行文件就可以启动 Eclipse 了。启动后的界面如图 1-12 所示。

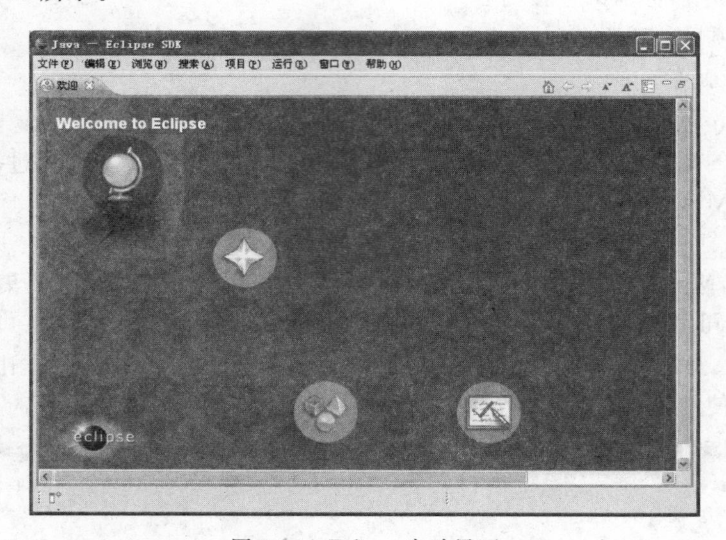

图 1-12 Eclipse 启动界面

2. 创建 Java 项目

执行"文件"→"新建"→"Java 项目"命令，在打开的"新建 Java 项目"对话框中，设置项目名，并在"内容"选项组中设置项目的保存位置，如图 1-13 所示。然后，单击"完成"按钮，完成 Java 项目的创建工作，系统就会在项目的保存位置创建相应的文件夹。

"内容"选项组中选项的含义如下。

(1) 在工作空间中创建新项目：表示将创建的 Java 项目保存在指定的工作目录中，此时不需要设置相应位置，系统会自动指定。

(2) 从现有资源创建项目：表示将创建的 Java 项目保存在其他指定的目录中，此时需要设置相应位置。

3. 创建 Java 类

执行"文件"→"新建"→"类"命令，在打开的"新建 Java 类"对话框中设置类名，如

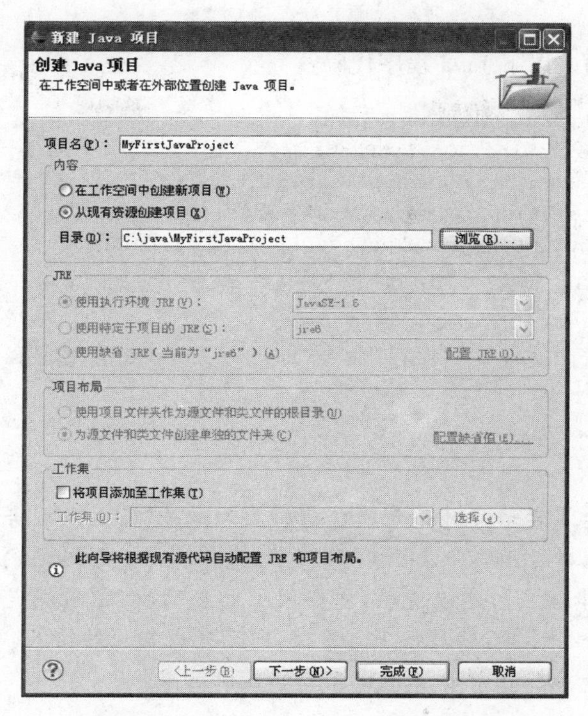

图 1-13　"新建 Java 项目"对话框

图 1-14 所示。然后，单击"完成"按钮，完成 Java 类的创建工作，系统会自动在项目文件夹中创建相应的文件。

图 1-14　"新建 Java 类"对话框

4. 编写 Java 类

在编辑窗口中输入以下 Java 程序代码：

```
1    //MyFirstJavaApplication1.java
2    import javax.swing.JOptionPane;
3    public class MyFirstJavaApplication1{
4        public static void main(String args[]){
5            JOptionPane.showMessageDialog(null,"你好,Java!");
6        }
7    }
```

输入完成后，执行“文件”→“保存”命令，即可在 Eclipse 中完成第一个 Java 程序的编写工作。

在 Eclipse 中，输入左括号时会立刻自动加上右括号；输入双引号（单引号）时也会立刻自动加上双引号（单引号）。在输入程序代码时，输入完相应内容后暂停一会儿，Eclipse 会显示出一串相应的建议清单，并会附上相应的批注（前提是系统能找到），可以直接在清单列表中进行选择，然后按 Enter 键，即可完成相应的输入。也可以只输入开头的字母，然后按 Alt＋/键，同样会显示出相应的建议清单。

1.4.2 运行结果

执行“运行”→“运行”或“运行”→“运行方式”→“Java 应用程序”命令，即可运行程序。如果程序尚未保存，Eclipse 会询问在运行前是否要保存文档，然后运行程序。该 Java 程序运行后，运行结果如图 1-15 所示。

图 1-15 MyFirstJavaApplication 的运行结果

由图 1-15 可以看出，在对话框中显示了“你好，Java!”。对话框是使用 javax.swing 包中的 JOptionPane 类的 showMessageDialog 方法来实现的。showMessageDialog 方法主要用于显示相关信息的消息对话框。

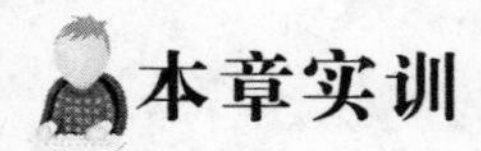

本章实训

1. 实训目的

（1）掌握 Java 相关开发工具的安装与配置方法。

（2）掌握 Java Application 程序的基本语法结构和调试方法。

（3）掌握 Java Applet 程序的基本语法结构和调试方法。

（4）掌握 Java 语言的基本语法规则。

2. 实训内容

熟悉 Eclipse 的使用方法。

3. 实训步骤

（1）安装 JDK，并配置相应的环境变量。

（2）使用记事本＋JDK 来编写基础实例。

（3）安装 Eclipse，熟悉其界面。

（4）使用 Eclipse 来编写扩展实例。

本章小结

通过本章学习，大家对 Java 应该有了一个初步的认识。通过基础实例，介绍了 JDK 的安装与环境配置方法，说明了使用 Java 能够开发出两种不同的程序——Java 应用程序和 Java 小应用程序，并介绍了这两种程序的基本结构及 Java 的基本语法格式；而后，又介绍了目前一些常用的 Java 开发工具的基本情况。通过扩展实例，介绍了 Eclipse 这一开发工具的操作界面及基本操作方法。

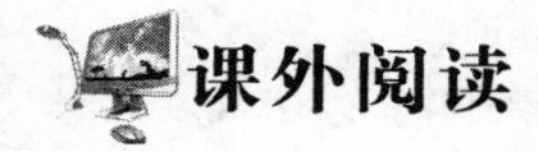

课外阅读

1. Java 发展简史

1991 年，SUN 公司的 Jame Gosling 领导的 Green Team 小组，为在家用电器及智能化电子消费类产品上进行交互式操作，基于 C++ 开发出了一个名为 Oak 的新的语言（即橡树语言）。Oak 的设计目标是用以开发可靠、紧凑、易于移植的分布式嵌入系统。尽管 Oak 语言在技术上颇为成功，但是由于商业上的原因，却未能在市场的激烈竞争中站稳脚跟，也没有引起人们的关注。

1994 年，在 Internet 和 WWW 技术迅猛发展的环境下，Oak 经过改进，成为一种非常适合于网络开发的独特语言，并改名为 Java。之所以改名为 Java，是因为他们在对 Oak 进行商标注册时，发现 Oak 已经被另外一家公司使用了。工程师们边喝着咖啡边讨论着，看着手中的咖啡，突然灵机一动，就将其命名为 Java（爪哇，是工程师们经常喝的一种咖啡）了，于是一杯飘香的咖啡就成为 Java 的标志了。

后来，Java 逐渐成为 Internet 上颇受欢迎的开发与编程语言，一些著名的计算机公司如 Microsoft、IBM、Netscape、Novell、Apple、DEC、SGI 等纷纷购买了 Java 语言的使用权。2009 年 4 月 20 日，SUN 公司被 Oracle（甲骨文）公司收购，Java 也转归于 Oracle 旗下。

2. Java 的特点

Java 具有简单（Simple）、面向对象（Object-Oriented）、网络（Network-Savvy）、分布式（Distributed）、解释执行（Interpreted）、健壮（Robust）、安全（Secure）、体系结构中立（Architecture Neutral）、可移植（Portable）、高性能（High Performance）、多线程（Multi-threaded）以及动态性（Dynamic）等特点。

（1）简单：Java 语言是一种面向对象的语言，它通过提供最基本的方法来完成指定的任务，只需理解一些基本的概念，就可以用它编写出适合于各种情况的应用程序。Java

语言的语法与C语言和C++语言很接近，使得大多数程序员很容易学习和使用。Java丢弃了C++中很少使用的、很难理解的、容易混淆的那些概念，如指针(Pointer)、操作符重载(Operator Overloading)、多重继承(Multiple Inheritance)等。特别地，Java语言不使用指针，并提供了自动垃圾收集机制，简化了程序设计者的内存管理工作。另外，Java也适合于在小型机上运行，它的基本解释器及类的支持只有40KB左右，加上标准类库和线程的支持也只有215KB左右。

(2) 面向对象：Java语言是一种完全面向对象的程序设计语言。它的设计集中于对象及其接口，提供了简单的类机制以及动态的接口模型。对象中封装了它的状态变量以及相应的方法，实现了模块化和信息隐蔽。而类则提供了一类对象的原型，并且通过继承机制，子类可以使用父类所提供的方法，实现了代码的复用。Java只支持类之间的单继承，但支持接口之间的多继承，并支持类与接口之间的实现机制(Implement)。Java语言全面支持动态绑定，而C++ 语言只对虚函数使用动态绑定。

(3) 网络：Java是基于网络的，许多功能应用与网络有关，如Applet、Socket、JSP、Web Service等。Java应用最多的领域就是网络服务。

(4) 分布式：分布式包括数据分布和操作分布。数据分布是指数据可以分散在网络的不同主机上，操作分布是指把一个计算分散在不同主机上处理。Java支持WWW客户机/服务器计算模式，因此，它支持这两种分布性。对于前者，Java提供了一个叫做URL的对象，利用这个对象，可以打开并访问具有相同URL地址上的对象，访问方式与访问本地文件系统相同。对于后者，Java的Applet小程序可以从服务器下载到客户端，即部分计算在客户端进行，提高系统执行效率。另外，Java提供了一整套网络类库，开发人员可以利用类库进行网络程序设计，实现Java的分布式特性。

(5) 解释执行：程序在一个平台上运行，必须先编译为该平台能理解的原始机器语言(Native Machine Instructions)。但是，各个平台所识别的机器语言不同。为了解决在不同平台间运行程序产生的问题，Java将源程序直接编译成与系统无关的字节码(Bytecodes)。要运行Java程序，运行的平台上必须装有Java虚拟机。JVM就是Java字节码文件的虚拟操作系统。JVM中的Java解释器直接对Java字节码进行解释执行。字节码本身携带了许多编译时信息，使得连接过程更加简单。

(6) 健壮：也称为“鲁棒性”。Java在编译和运行程序时，都要对可能出现的问题进行检查，以消除错误的产生。它提供自动垃圾收集机制来进行内存管理，防止程序员在管理内存时产生错误。通过集成的面向对象异常处理机制，在编译时，Java提示可能出现但未被处理的异常，帮助程序员正确地进行选择，以防止系统崩溃。另外，Java在编译时还可捕获类型声明中的许多常见错误，防止动态运行时出现不匹配问题。

(7) 安全性：用于网络、分布式环境下的Java必须要防范病毒的入侵。Java不支持指针，一切对内存的访问都必须通过对象的实例变量来实现，这样就防止了程序员使用特洛伊木马等欺骗手段访问对象的私有成员，同时也避免了指针操作中容易产生的错误。Java加入了垃圾自动回收机制，使程序员无须担心对象资源的回收问题，异常处理机制让程序员可以掌握程序中各种突发的异常状况，synchronized、final等关键字的使用也大

大加强了Java程序的安全性。

(8) 体系结构中立：Java解释器生成与体系结构无关的字节码指令，只要安装了Java运行时系统，Java程序即可在任意的处理器上运行。这些字节码指令对应于Java虚拟机中的表示，Java解释器得到字节码后，对它进行转换，使之能够在不同的平台下运行。

(9) 可移植：与平台无关的特性使Java程序可以方便地被移植到网络上的不同机器中。同时，Java的类库中也实现了与不同平台的接口，使这些类库可以移植。另外，Java编译器是由Java语言实现的，Java运行时系统由标准C实现，这使得Java系统本身也具有可移植性。

(10) 高性能：和其他解释执行的语言不同，Java字节码的设计能直接转换成对应于特定CPU的原始机器语言，从而得到较高的性能。

(11) 多线程：多线程机制使得应用程序能够并行执行，而且同步机制保证了对共享数据的正确操作。通过使用多线程，程序设计者可以分别用不同的线程完成特定的行为，而不需要采用全局的事件循环机制，这样就能很容易地实现网络上的实时交互行为。

(12) 动态性：Java的设计使它适合于一个不断发展的环境。在类库中可以自由地加入新的方法和实例变量而不会影响用户程序的执行，并且Java通过接口来支持多重继承，使之比严格的类继承具有更灵活的方式和扩展性。

3. Java平台

Java平台由Java虚拟机(Java Virtual Machine，JVM)和Java应用程序编程接口构成。Java虚拟机是Java程序运行的平台，提供统一的应用程序接口；Java应用程序编程接口(也称为Java类库)是SUN公司提供的用Java语言开发的类的集合。在硬件或操作系统平台上安装一个Java平台之后，Java应用程序就能运行。现在Java平台已经可以嵌入到几乎所有的操作系统中。这样Java程序就能够做到只编译一次，就可以在各种系统中运行。

目前，Java平台分为以下3个体系。

(1) J2ME(Java 2 Platform Micro Edition，Java 2平台微缩版)：是消费产品和嵌入式设备的最佳解决方案，主要适用于PDA、机顶盒设备、汽车导航系统、可视电话、寻呼机和移动电话等消费类电子产品中的Java应用软件开发。

(2) J2SE(Java 2 Platform Stand and Edition，Java 2平台标准版)：是桌面开发和低端商务应用的解决方案，主要适用于在桌面系统提供CORBA标准的ORB技术，结合Java的RMI支持分布式操作环境，是Java框架结构的基础。

(3) J2EE(Java 2 Platform Enterprise Edition，Java 2平台企业版)：是企业应用的解决方案。J2EE作为构建企业级分布式应用系统的Java解决方案，定义了企业应用Java组件、JSP/Servlet、Java数据库连接和JAXP等在构建企业级应用系统过程中采用的Java技术，目前已经成为开发商创建电子商务应用的事实标准。

课后作业

1. Java Application 与 Java Applet 的区别有哪些？
2. 编写一个 Java Application，在命令窗口中显示如下内容：

```
欢迎使用 Java!
谢谢!
```

3. 编写一个 Java Applet，在 Applet 窗口中显示如下内容：

```
欢迎使用 Java!
谢谢!
```

4. 编写一个 Java Application，在对话框中显示如下内容：

```
欢迎使用 Java!
谢谢!
```

第2章

比较大小

引言

通过上一章的学习，读者对于Java已经有了一个初步认识，掌握了Java程序设计的基础知识。本章中将通过一个比较数值大小的实例来进一步介绍Java语言的基本语法规则，从而让读者能够使用Java开发工具编写出一个具备数值比较功能的Java程序。

2.1 基础实例

现在将编写一个Java应用程序，主要用于对两个数的大小进行比较，并给出比较结果。通过实例，读者将进一步学习Java语言的基本语法规则。

2.1.1 编写步骤

1. 启动 Eclipse

双击Eclipse文件夹中名为Eclipse的可执行文件，就可以启动Eclipse了。

2. 创建 Java 项目

执行“文件”→“新建”→“Java项目”命令，在打开的“新建Java项目”对话框中，设置项目名，并在“内容”选项组中设置项目的保存位置。然后，单击“完成”按钮，完成Java项目的创建工作，系统会在项目的保存位置创建相应的文件夹。

3. 创建 Java 类

执行“文件”→“新建”→“类”命令，在打开的“新建Java类”对话框中，设置类名。然后，单击“完成”按钮，完成Java类的创建工作，系统会自动在项目文件夹中创建相应的文件。

4. 编写 Java 类

在编辑窗口中输入以下Java程序代码：

```
1    //Compare.java
2    import javax.swing.JOptionPane;                    //装载 JOptionPane 类
3    public class Compare{
4        public static void main(String args[]){
5          String s1,s2;
6          s1=JOptionPane.showInputDialog("请输入第一个整数：");
7              //s1 接收来自输入文本框的第一个整数
8          s2=JOptionPane.showInputDialog("请输入第二个整数：");
9              //s2 接收来自输入文本框的第二个整数
10         int firstNumber,secondNumber;
11         firstNumber=Integer.parseInt(s1);
12             //将字符串 s1 转换成整数赋值给 firstNumber
13         secondNumber=Integer.parseInt(s2);
14             //将字符串 s2 转换成整数赋值给 secondNumber
15         //比较两个数的大小
16         if(firstNumber>secondNumber){
17             JOptionPane.showMessageDialog(null, firstNumber+"大于"+secondNumber);
18         }
19         else if(firstNumber==secondNumber){
20             JOptionPane.showMessageDialog(null, firstNumber+"等于"+secondNumber);
21         }
22         else{
23             JOptionPane.showMessageDialog(null, firstNumber+"小于"+secondNumber);
24         }
25       }
26   }
```

输入完成后，执行“文件”→“保存”命令，即可在 Eclipse 中完成 Java 程序的编写工作。

小提示

方法 JOptionPane. showInputDialog 用于显示输入对话框，通过它可以从用户那里接收输入的信息。

2.1.2 运行结果

执行“运行”→“运行”命令，即可运行程序。如果程序尚未保存，Eclipse 会询问在执行前是否要保存文档，然后执行程序。该 Java 程序运行后，首先会弹出一个输入对话框，如图 2-1 所示。

图 2-1　第一个输入对话框

在文本框中输入第一个数据后，单击“确定”按钮后，会随之弹出第二个输入对话框，如图 2-2 所示。

在文本框中输入第二个数据后，单击“确定”按钮后，会弹出一个消息对话框来显示比较结果，如图 2-3 所示。

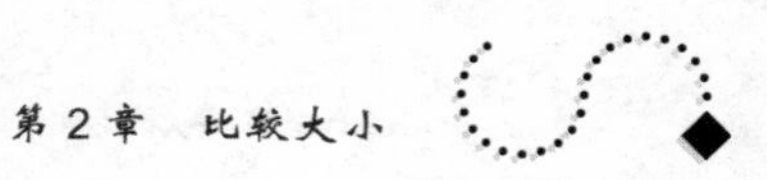

图 2-2　第二个输入对话框

图 2-3　比较结果消息对话框

2.2　基础知识——Java 基本语法

Java 是基于 C++ 语言开发出来的，因此其语法规则与 C/C++ 非常相似，但是又有所不同。接触过 C/C++ 的读者，学习时要特别注意 Java 与 C/C++ 的区别。下面详细介绍 Java 的基本语法。

2.2.1　数据类型

在 Java 中根据实际需要定义了多种数据类型。按照定义形式和内容，可以将这些数据类型划分为基本数据类型和复合数据类型两种，如图 2-4 所示。

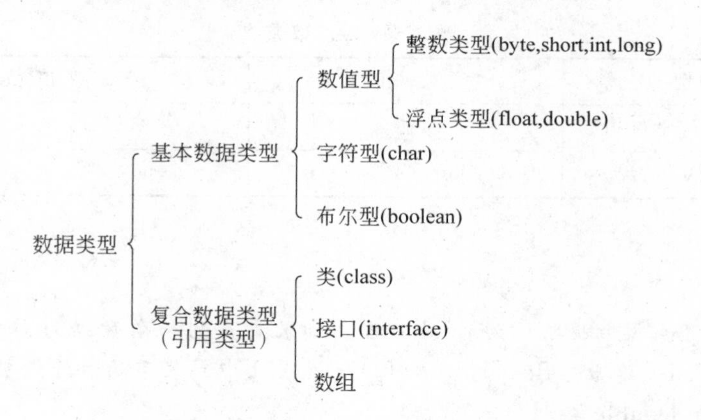

图 2-4　Java 数据类型

基本数据类型是由系统定义的、不可再分的类型。Java 语言的基本数据类型长度是固定的，它不依赖于计算机软、硬件系统的变化，用户可以直接利用基本数据类型定义相应的数据。Java 定义了 8 种基本数据类型，根据其数据的表示形式，可以将其划分为数值类型、字符类型和逻辑类型 3 种，而数值类型又由整数类型和浮点数类型构成，下面将一一进行介绍。

1. 整数类型

在 Java 中定义了分别由关键字 byte、short、int 和 long 表示的 4 种整数数据类型，如表 2-1 所示。

表 2-1　整数类型

数据类型	长　度	数值范围	数据类型	长　度	数值范围
byte	8	$-2^{7}\sim2^{7}-1$	int	32	$-2^{31}\sim2^{31}-1$
short	16	$-2^{15}\sim2^{15}-1$	long	64	$-2^{63}\sim2^{63}-1$

Java 中的所有整数类型都是有符号的数据类型。由于没有定义无符号整数，因此在 Java 中定义的各种整数数据类型均有固定的数值范围和数据长度，而不受具体系统的影响，这也从另外一个方面保证了 Java 语言的可移植性和平台无关性。

小提示

Java 语言中的整型数据默认为 int 型。声明为 long 型数据后，可以在数后加 l 或 L，以避免数据位被截取而引起数据精度降低。例如：long a＝3L。Java API 中封装了 4 种整数类型，将其分别定义为 Byte、Short、Integer 和 Long 类。

2. 浮点数类型

Java 中定义了单精度和双精度两种浮点数类型，分别由关键字 float 和 double 来表示。Java 中的各浮点数据类型也都有固定的数值范围和字段长度，如表 2-2 所示。

表 2-2　浮点数类型

数据类型	长　度	数 值 范 围
float	32	$-3.4\times10^{-38}\sim3.4\times10^{38}$
double	64	$-1.7\times10^{-308}\sim1.7\times10^{308}$

小提示

Java 中的浮点型数据默认为 double 型。如果要声明一个数据为 float 型，则必须在数据后面加 f 或 F。例如：float f＝3.14f。Java API 中封装了两种浮点数类型，将其分别定义为 Float 和 Double 类。

3. 字符类型

在 Java 中，利用关键字 char 来定义字符类型的数据。字符型数据是用单引号括起来的单个字符。例如：char c＝'A'。

Java 中的字符型数据是基于 16 位的 Unicode 字符集，每个字符占两个字节。Java 中的字符型数据属于整型数据，但是无符号的整型数据，其取值范围为 $0\sim2^{16}-1$。

小提示

在 Java API 中对字符类型进行了封装，将其定义为 Character 类。

4. 逻辑类型

逻辑类型又称为布尔类型，用关键字 boolean 来表示。例如：boolean b＝false。

小提示

在 Java API 中对布尔数据类型进行了封装，将其定义为 Boolean 类。

2.2.2 常量与变量

由于 Java 是面向对象的程序设计语言，因此，常量是该数据值在对象的实例化期间不能更改的量。变量则是在程序运行过程中可以赋值并能够对该值进行更改的数据量。

1. 常量

常量是不能被程序修改的固定值，在程序运行之前，其值就已经确定了。在 Java 中，定义常量时需要使用 final 关键字。定义基本数据类型的常量的基本语法格式如下：

```
[修饰符] final 基本数据类型 常量名 1=数值 1 [, 常量名 2= 数值 2…];
```

其中，final 表示最终的。

Java 中的常量主要有以下几个。

(1) 整型常量

整型常量分为单字节整型、短整型、整型和长整型 4 种，它们均可以用十进制、八进制和十六进制 3 种方式表示。

① 十进制整数：十进制整数的第一位数字不能为 0。例如，123、－456、23L。

② 八进制整数：要求必须以 0 为前导，例如，0123、－011、0377L。

③ 十六进制整数：要求必须以 0x 或 0X 作为前导，例如，0x123、－0X1A2D、0XFFFL。

(2) 实型常量

实型常量分为单精度和双精度两种类型。实型数据只采用十进制数表示，有小数形式和指数形式两种不同的表示方法。

① 小数形式(标准形式)：由数字和小数点组成，且必须有小数点。例如，0.123、1.23D，－0.9901F。

② 指数形式(科学计数法形式)：用指数幂的形式表示，要求必须有指数部分。例如，123e3、123E－3，其中 e 或 E 之前必须有数字，且 e 或 E 后面的指数必须为整数。

(3) 字符常量

字符常量是用单引号括起来的一个字符，例如：'a'、'A'。Java 中还允许使用转义字符'\'来将其后面的字符转变为其他的含义。Java 中常用的转义序列如表 2-3 所示。

(4) 逻辑常量

逻辑常量只有两个值：true 和 false，分别代表布尔逻辑中的“真”和“假”。在 Java 中，逻辑常量不能转换成任何其他类型的数据。true 和 false 只能赋值给声明为 boolean 类型的变量，或者用于逻辑运算表达式中。

表 2-3 Java 中常用的转义序列

转义字符	功能描述
\ddd	利用八进制表示字符
\udddd	利用十六进制表示字符
\'	单引号
\"	双引号
\\	反斜杠
\n	换行，将光标移至下一行的开始处
\r	回车，将光标移至当前行的开始处
\t	横向跳格（制表符），将光标移至下一个制表位
\b	退格，将光标向前（或向左）移一列
\f	走纸换页，将光标移至下一页的开始处

2. 变量

变量是在程序运行过程中可以赋值并能够对其值进行更改的数据。变量是 Java 程序中的基本存储单元，它的定义包括变量名、变量值、变量类型和作用域几个部分。变量根据其所属的数据类型可划分为基本数据类型变量和引用数据类型变量（复合数据类型变量）。

根据变量被声明的位置可将其划分为以下两种。

① 局部变量：在方法或语句块内部定义的变量。

② 成员变量：在方法外部、类的内部定义的变量。

(1) 变量的定义与初始化

Java 程序通过变量来操纵内存中的数据，在使用任何变量之前必须先定义。变量的定义是用标识符为变量命名、确定其数据类型，还可以为其赋初值。变量定义就是为该变量与内存单元之间建立对应关系，即为变量分配内存单元。

如果是基本数据类型的变量，在声明变量时就为其分配了内存单元，因为它们的存储长度是固定的。如果是复合数据类型的变量，声明后，还要用关键字 new 为其分配内存单元，因为复合数据类型通常是用户自定义的，其存储长度由用户确定。

在 Java 中定义基本数据类型的变量的基本语法格式如下：

```
[修饰符] 基本数据类型 变量名 1 [=初值] [, 变量名 2…];
```

在定义变量的同时为其赋值称为变量初始化。在 Java 中声明局部变量后用户必须自己对其进行初始化，即赋初值。成员变量的初始化可以选择默认初始化或显式初始化。

① 默认初始化：创建后系统自动对其进行初始化。

② 显式初始化：用户可以自己对其进行初始化。

在 Java 中所有数据类型的成员变量的默认初始化原则如表 2-4 所示。

表 2-4　成员变量的默认初始化原则

成员变量数据类型	取　值	成员变量数据类型	取　值
byte	(byte)0	char	'\u0000'
short	(short)0	float	0.0F
int	0	double	0.0D 或 0.0
long	0L	boolean	false

(2) 变量的赋值与类型转换

用常量、变量或表达式赋值给另一个变量时，两者的数据类型必须一致。若不一致，则需要进行数据的类型转换，即从一种数据类型转换到另一种数据类型。数据类型的转换分为隐式类型转换（又称为自动类型转换）和显式类型转换（又称为强制类型转换）两种。

① 隐式类型转换：当占用存储容量较少的数据转换为占用存储容量较多的数据时，进行隐式类型转换。这种转换过程由 Java 编译系统自动进行，不需要程序另作特别说明。反之，则会出现编译错误。

② 显式类型转换：当占用存储容量较多的数据转换为占用存储容量较少的数据时，则需要进行显式类型转换，即强制类型转换。但是由于目标数据类型的取值范围小于待转换数据类型的取值范围，因此在转换过程中会出现取模或截断现象。强制类型转换的格式如下：

```
(目标数据类型)变量名或表达式
```

在 Java 中，并不是所有的数据类型之间都能够进行转换，其对数据类型转换的限制主要如下几种。

① 整型与浮点型数据之间可以相互转换，但基本数据类型与数组、类、接口等复合数据类型的数据之间不能互相转换。

② 如果一个 int 型的整数没有超出 byte 或 short 类型的数值范围，则可以当做 byte 或 short 类型，对 byte 或 short 类型的变量直接赋值。

③ char 类型数据转换为 int、long、float 和 double 类型时，可自动转换；char 类型与 byte 类型的数据相互转换则必须是强制转换。

④ 布尔型数据不能与任何其他类型的数据进行转换。

(3) 变量的作用域

在 Java 程序中，在类体及方法体内的任何位置上都可以定义变量，但是变量只在它所定义的语句块中起作用。一个语句块就是用一对大括号括起来的代码段。变量作用域的一般原则是：在作用域内定义的变量仅在该作用域内有效，对于该作用域之外的代码不可见，即在作用域之外，该变量失效。

① 局部变量的作用域是它所在的方法或语句块。

② 成员变量的作用域是它所在的类。

作用域可以嵌套，即一个范围较大的外部作用域能包容一个范围较小的内部作用域，在外部作用域定义的变量在内部作用域可见;反之则不然,在内部作用域定义的变量在外部作用域不可见(不能使用)。

总之,Java 是一种强类型语言,这是 Java 语言具有较高的安全性和稳健性的重要原因之一,其主要体现在以下几个方面。

① 每个变量必须定义为某一种数据类型,而且只能声明为唯一的数据类型,不允许重复定义。

② 在进行赋值之前,首先检查赋值运算符左右两端数据的类型是否一致。进行类型不匹配的赋值操作时,需要进行强制类型转换,否则,将导致编译错误。

③ 在调用方法时,传递的参数及返回值类型均要求与定义方法时确定的类型一致。

2.2.3 运算符与表达式

表达式是由变量、常量和各种运算符组成的式子,是程序的基本组成单位之一。表达式可以是程序语句的一部分,也可以是一个单独的程序语句。表达式的值就是表达式中的各变量、常量经过运算所得到的结果,而这些运算主要是由表达式中的运算符来规定的。

1. 运算符

对各种类型的数据进行加工的过程称为运算,表示各种不同运算的符号称为运算符,参与运算的数据称为操作数。下面将主要介绍 Java 语言中的各种运算符及它们所规定的运算。

(1) 算术运算符

Java 中的算术运算符是用来定义整型数据和浮点型数据的算术运算的,分为双目运算符和单目运算符两种。双目运算符就是指连接两个操作数的运算符,而单目运算符则只有一个操作数,具体运算符如表 2-5 所示。

表 2-5 算术运算符

类 型	算术运算符	使 用 方 法	说 明
双目运算符	+	OP1+OP2	加法运算
	−	OP1−OP2	减法运算
	*	OP1 * OP2	乘法运算
	/	OP1/OP2	除法运算
	%	OP1%OP2	取模运算(求余运算)
单目运算符	+	+OP	取正值
	−	−OP	取负值
	++	++OP、OP++	自增运算符(加 1)
	−−	−− OP、OP −−	自减运算符(减 1)

在使用＋＋和－－时要特别注意它们与操作数的位置关系对运算结果的影响，具体用法如表 2-6 所示。

表 2-6　自增、自减运算符

运 算 符	名　称	使用说明
＋＋i	前缀自增（预增）	先对 i 加 1，然后再用加 1 后的值进行运算
i＋＋	后缀自增（后增）	先用 i 的值进行运算，然后对其加 1
－－i	前缀自减（预减）	先对 i 减 1，然后再用减 1 后的值进行运算
i－－	后缀自减（后减）	先用 i 的值进行运算，然后对其减 1

小提示

对于除号/，两个整型数据相除的结果还是整型数据。自增、自减运算符不能用于表达式，只能用于简单变量，否则会产生语法错误。

（2）关系运算符

关系运算就是比较两个表达式大小关系的运算方式，所有关系运算的结果都是布尔型数据，即 true 或 false。Java 中所提供的关系运算符及其使用方法如表 2-7 所示。

表 2-7　关系运算符

类　型	关系运算符	使用方法	说　明
双目运算符	＞	OP1＞OP2	大于
	＜	OP1＜OP2	小于
	＞＝	OP1＞＝OP2	大于等于
	＜＝	OP1＜＝OP2	小于等于
	＝＝	OP1＝＝OP2	等于
	!＝	OP1!＝OP2	不等于

小提示

判断两数相等的等于运算符＝＝是由两个等号连接而成的，要与赋值运算符＝进行区分，以免混淆。参与关系运算的操作数或表达式的值可以是整型，也可以是浮点型，但是需要注意的是，不能在浮点数之间进行“等于”的比较。

（3）逻辑运算符

逻辑运算符主要用于对布尔型数据或结果是布尔型数据的表达式进行运算，其操作数和运算结果均为布尔型数据。Java 中所提供的逻辑运算符及其使用方法如表 2-8 所示。

表 2-8　逻辑运算符

<table>
<tr><th>类　型</th><th>逻辑运算符</th><th>使用方法</th><th>说　明</th></tr>
<tr><td>单目运算符</td><td>!</td><td>!OP</td><td>逻辑非</td></tr>
<tr><td rowspan="5">双目运算符</td><td>&</td><td>OP1&OP2</td><td>逻辑与</td></tr>
<tr><td>|</td><td>OP1|OP2</td><td>逻辑或</td></tr>
<tr><td>^</td><td>OP1^OP2</td><td>逻辑异或</td></tr>
<tr><td>&&</td><td>OP1&&OP2</td><td>简洁与(短路与)</td></tr>
<tr><td>||</td><td>OP1||OP2</td><td>简洁或(短路或)</td></tr>
</table>

逻辑运算符中的 &、| 是非简洁与、非简洁或逻辑运算符，而 &&、|| 是简洁与、简洁或逻辑运算符。它们的区别在于：利用非简洁与、非简洁或做运算时，运算符左右两边的表达式都要执行运算，然后再进行相应的运算；利用简洁与、简洁或做运算时，如果只计算运算符左边的表达式，由得到的结果即可确定相应的运算结果，则右边的表达式将不会执行运算。

(4) 位运算符

位运算符是用来对二进制位进行操作的，分为两种类型：按位逻辑运算符和算术移位运算符。Java 中所提供的位运算符及其使用方法如表 2-9 所示。

表 2-9　位运算符

<table>
<tr><th>类　型</th><th>逻辑运算符</th><th>使用方法</th><th>说　明</th></tr>
<tr><td>单目运算符</td><td>~</td><td>~OP</td><td>按位取反</td></tr>
<tr><td rowspan="6">双目运算符</td><td>&</td><td>OP1&OP2</td><td>按位与</td></tr>
<tr><td>|</td><td>OP1|OP2</td><td>按位或</td></tr>
<tr><td>^</td><td>OP1^OP2</td><td>按位异或</td></tr>
<tr><td>>></td><td>OP1>>OP2</td><td>OP1 右移 OP2 位</td></tr>
<tr><td><<</td><td>OP1<<OP2</td><td>OP1 左移 OP2 位</td></tr>
<tr><td>>>></td><td>OP1>>>OP2</td><td>OP1 无符号右移 OP2 位</td></tr>
</table>

小提示

按位逻辑运算符用于进行二进制位之间的逻辑运算，其操作数是整型数据，包括 byte、short、int、long 和 char，其运算结果为一个整数；而逻辑运算符用于连接布尔型数据、关系表达式及逻辑表达式，其运算结果为布尔型变量，取值为 true 或 false。逻辑运算符与按位逻辑运算符相同，使用时需要根据操作数的数据类型来判定进行何种运算。

（5）赋值运算符

赋值运算符＝用于将一个数据赋值给一个变量，因此运算符的左侧必须是变量。在一般情况下，要求＝两侧操作数的数据类型要一致。当＝两侧的数据类型不一致时，可以使用自动类型转换或按强制类型转换的原则进行处理。

在赋值运算符＝前加上其他运算符就构成了扩展赋值运算符。例如："a＋＝3;"等价于"a＝a＋3;"。

Java中常用的扩展赋值运算符及等价的表达式如表2-10所示。在程序中适当使用扩展赋值运算符能够更快地编程，而编译器也能够更快地编译，有利于提高程序的性能。

表2-10　扩展赋值运算符

扩展运算符	用法举例	等效的表达式	扩展运算符	用法举例	等效的表达式
＋＝	a＋＝b	a＝a＋b	&＝	a &＝b	a＝a&b
－＝	a－＝b	a＝a－b	|＝	a|＝b	a＝a|b
*＝	a*＝ b	a＝a*b	^＝	a^＝b	a＝a^b
/＝	a/＝b	a＝a/b	<<＝	a<<＝b	a＝a<<b
%＝	a%＝b	a＝a%b	>>＝	a>>＝b	a＝a>>b
>>>＝	a>>>＝b	a＝a>>>b			

小提示

在实际操作中，可以将整型常量直接赋值给byte、short、char等类型的变量，而不需要进行强制类型转换，但不能超出其数值范围。赋值运算符的运算顺序是从右至左。

（6）条件运算符

条件运算符是Java语言中唯一的一个三目运算符，其一般形式为：表达式？语句1：语句2。

在计算条件表达式时，先计算表达式，如果值为true，就执行语句1，并将其结果作为条件表达式的值；否则执行语句2，并将其结果作为条件表达式的值。其中，表达式的运行结果必须是布尔型数据，语句1和语句2返回的数据的数据类型必须保持一致。

（7）其他运算符

除了上面介绍的运算符外，Java语言中还有一些其他的运算符，如表2-11所示。

2. 表达式

表达式是符合一定语法规则的运算符和操作数的序列。表达式用于计算、对变量赋值以及作为程序控制的条件。

（1）表达式的值和类型

对表达式中的操作数进行运算所得到的结果称为表达式的值。

表 2-11　其他运算符

运 算 符	格　式	描　述
( )	a * (a+b) 方法名(参数列表)	在表达式中使用时,用于改变运算顺序 在成员方法的定义和调用中,用于分隔参数
[ ]	数据类型[ ] new 数据类型[元素个数] 数组名[下标]	用于声明数组 定义数组时,用于声明数组元素的个数 引用数组元素时,用于提供数组的下标值
(类型名)	(类型名) 表达式	强制类型转换
new	new 数据类型(参数列表)	用于为数组、类等复合型数据分配内存空间
.	对象名.变量名 对象名.方法名(参数列表)	用于引用类对象实例中定义的成员变量 用于引用类对象实例中定义的成员方法
instanceof	对象名 instanceof 类名	用于测试一个指定的对象是否是指定类的一个实例化对象,若是则返回 true,否则返回 false

表达式的值的数据类型即为表达式的类型。表达式的类型由运算符以及参与运算的操作数的类型决定,可以是简单类型,也可以是复合类型。

在算术表达式中,如果所有操作数的数据类型相同,则表达式的类型与操作数的数据类型相同,否则就要进行表达式类型的自动提升。不同类型的数据混合运算时,表达式的类型为存储长度最大、精度最高的数据类型。

(2) 表达式的运算顺序

在对一个表达式进行运算时,首先应按照运算符的优先级从高到低的顺序进行运算,优先级相同的运算符则按照事先约定的结合方向进行运算。表 2-12 中列出了 Java 中运算符的优先顺序。

表 2-12　运算符的优先顺序

优先次序	运 算 符	优先次序	运 算 符
1	.　[]　()	9	&
2	++　--　!　~　instanceof	10	^
3	new　(type)	11	|
4	*　/　%	12	&&
5	+　-	13	||
6	>>　>>>　<<	14	?:
7	>　<　>=　<=	15	=　+=　-=　*=　/=　%=　^=
8	==　!=	16	&=　|=　<<=　>>=　>>>=

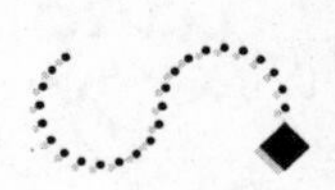

2.2.4 流程控制

从结构化程序设计角度出发,程序有以下3种基本结构。

① 顺序结构。

② 选择结构(分支结构)。

③ 循环结构(重复结构)。

Java程序通过控制语句来执行程序流向,完成一定的任务。程序流是由若干个语句组成的,语句可以是单一的一条语句,也可以是用大括号{}括起来的一个复合语句。

1. 顺序结构

顾名思义,顺序结构就是程序从上至下一行一行执行的结构,中间没有分支和跳转,直到程序结束。在一般情况下,程序中的语句都是按程序设计时所确定的次序一个语句接一个语句地顺序执行的。

2. 选择结构

选择结构提供了一种控制机制,使得程序执行时可以跳过某些语句,而转去执行特定的语句。在Java中,选择语句包括if语句(单选)、if...else语句(双选)和switch语句(多选),下面将分别进行介绍。

(1) if语句

if语句的基本格式如下:

```
if(条件表达式){
    语句块
}
```

其中,条件表达式可以是任何一种关系表达式或逻辑表达式。如果条件表达式的返回结果为true,则先执行后面大括号{}中的执行语句块,然后再顺序执行后面的其他程序代码;反之则跳过条件表达式后面大括号{}中的语句块,直接去执行后面的其他程序代码。

在这里,大括号{}的作用就是将多条语句组合成一个复合语句,作为一个整体来处理,如果大括号中只有一条语句,则可以省略这对大括号。

(2) if...else语句

if...else语句的基本格式如下:

```
if(条件表达式){
    语句块 1
}
else{
    语句块 2
}
```

这种格式在if子句的后面添加了一个else子句。如果条件表达式的返回结果为true,则先执行if后面大括号{}中的语句块1,然后再顺序执行后面的其他程序代码;反之则执行else后面大括号{}中的语句块2,然后再顺序执行后面的其他程序代码。

小提示

在 Java 中,if 括号中的条件表达式的结果必须是布尔型数据。尽管对于单一语句,在语法规则上允许省略大括号,但是建议将单一语句也用大括号括起来,以增强程序的可读性,同时便于以后对程序的修改。if 语句是允许嵌套使用的。

在 if 语句中包含多重嵌套的另一个 if 语句时,Java 语言的编译器总是将 else 与其最近的 if 配对,人为地使用大括号,可以改变这种配对规则,因此在使用 if 嵌套语句时,最好使用大括号{}来确定相互的层次关系。

(3) switch 语句

switch 语句用于将一个表达式的值同许多其他值比较,并按比较结果选择下面应该执行的语句。switch 语句的基本格式如下:

```
switch(表达式){
    case 数值 1:
        语句块 1
        break;
    case 数值 2:
        语句块 2
        break;
    ...
    case 数值 n:
        语句块 n
        break;
    [default: default 语句块]
}
```

表达式的返回值的类型必须是以下几种类型之一:byte、short、int、long、char。case 子句中的表达式取值必须是常量,且其数据类型要与表达式的返回值类型一致。整个多分支语句中包含的所有 case 子句中的数值必须是不同的,但 case 子句的顺序可以是任意的。

case 子句中包含多个执行语句时,可以不用大括号{}括起来。default 子句是可选的。当表达式的值与任意 case 子句中的值都不匹配时,程序执行后面的 default 子句。如果表达式的值与任意 case 子句中的值都不匹配且没有 default 子句,则程序不进行任何操作,直接跳出 switch 语句。

break 语句用来在执行完一个 case 分支后,使程序跳出 switch 语句,即终止 switch 语句的执行。因为 case 子句只是起到一个标号的作用,用来查找匹配的入口并从此处开始执行,对后面的 case 子句不再进行匹配,而是直接执行其后面的语句序列,所以一般应该在每个 case 分支后用 break 语句来终止后面的 case 子句的执行。

switch 语句的功能可以用 if...else 来实现,但在某些情况下使用 switch 语句更简练,可读性更强,而且程序的执行效率也会更高。

3. 循环结构

循环语句的作用是反复执行一段代码,直到满足终止循环的条件为止。Java 语言中

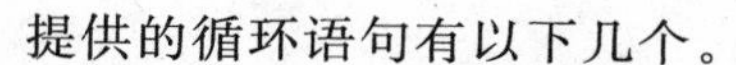

提供的循环语句有以下几个。

(1) while 语句

while 语句实现"当型"循环,它的基本格式如下:

```
while(条件表达式){
    语句块
}
```

当条件表达式的返回值为 true 时,执行{}中的语句块。当执行完{}中的语句后,检测条件表达式的返回值,如果为 true,则反复执行{}中的语句块,直到返回值为 false 时循环终止。

(2) do-while 语句

do-while 语句与 while 语句结构很类似。while 语句的循环条件在循环开始,即循环体未执行之前进行检测,而 do-while 语句则在循环体执行一次之后检测循环条件,因此 do-while 语句中的循环体至少会执行一次。do-while 语句的基本格式如下:

```
do{
    语句块
}while(条件表达式);
```

小提示

在 do-while 语句的结尾处用一个分号;标志语句结束。

(3) for 语句

for 语句是 Java 语言中功能最强大的循环语句,它可以处理计数器控制的循环的所有情况。for 语句的基本格式如下:

```
for(初始化表达式;循环条件表达式;迭代表达式){
    语句块
}
```

for 语句执行时,首先执行初始化操作,然后判断终止条件是否满足,如果满足,则执行循环体中的语句,最后执行迭代部分。完成一次循环后,重新判断终止条件。

初始化、终止以及迭代部分都可以为空语句(但分号不能省)。当三者均为空的时候,相当于一个无限循环。在初始化部分和迭代部分可以使用逗号语句来进行多个操作。逗号语句是用逗号分隔的语句序列。

4. 跳转语句

在使用循环语句时,只有循环条件表达式的值为 false 时才能结束循环。有时候想要提前中断循环,则需要使用 break 语句,还可以在循环语句块中添加 continue 语句,来跳过本次循环要执行的剩余语句,然后开始执行下一轮循环。

(1) break 语句

break 语句可以中止循环体中的执行语句和 switch 语句。一个无标号的 break 语句会把控制传给当前(最内)循环的下一条语句。如果有标号,则会把控制传给当前方法中带有这一标号的语句。

(2) continue 语句

continue 语句只能出现在循环语句的子语句块中,用来结束本次循环,跳过当前循环的剩余语句,接着执行下一次循环。

2.3 扩展知识——数组

在 Java 中,数组是一种最简单的复合数据类型。数组是有序数据的集合,数组中的每个元素都具有相同的数据类型,可以用一个统一的数组名和下标来唯一地确定数组中的元素,这些数据在内存中的存放是连续的。数组分为一维数组和多维数组。

2.3.1 一维数组

一维数组是由单一数据类型的数据构成的线性表。本小节将主要介绍一维数组的相关知识。

1. 一维数组的声明

在 Java 中,一维数组的定义形式如下:

```
数组元素类型 数组名[ ];
数组元素类型[ ] 数组名;
```

其中,数组元素类型可以为 Java 中任意的数据类型,包括简单类型和复合类型。数组名必须是合法的标识符。

小提示

在 Java 语言中声明数组时不能指定其长度(即数组中元素的个数)。

2. 一维数组的初始化

可以在定义数组的同时为数组元素分配空间并赋值,也就是对数组进行静态初始化。例如:

```
int intArray[]={1,2,3,4};
String stringArray[]={"abc", "How", "you"};
```

除了静态初始化外,还可以将数组定义与为数组元素分配内存空间并赋值的操作分开进行,也就是对数组进行动态初始化。首先,利用关键字 new 来为数组分配内存,即创建数组。创建数组空间的语法格式如下:

```
数组名=new 数组元素类型[数组元素个数]
```

然后就可以初始化数组元素了,也就是对每个数组元素赋值。

3. 一维数组元素的引用

只有完成了对所有数组元素的创建和初始化工作之后,才可以在程序中引用数组元素、修改其属性和调用其方法。

Java 中数组元素的引用是通过数组下标来实现的，其引用方式如下：

```
数组名[数组下标]
```

其中，数组下标可以为整型常数或表达式，下标从 0 开始，到数组元素个数值减 1 为止。每个数组都有一个属性 length 用来指明它的长度，即数组元素的个数。

2.3.2　多维数组

在 Java 语言中并没有真正的多维数组，只有数组的数组。在 Java 中允许多维数组为不规则矩阵的形式。下面将以二维数组为例，介绍 Java 中多维数组的相关知识。

1. 二维数组的定义

在 Java 中，二维数组的定义形式如下：

```
数组元素类型 数组名[ ][ ];
数组元素类型[ ] [ ] 数组名;
```

2. 二维数组的初始化

二维数组同一维数组一样，可以进行静态初始化和动态初始化。

(1) 静态初始化

Java 语言中，由于把二维数组看做是数组的数组，数组空间不是连续分配的，所以不要求二维数组每一维的大小相同。例如：

```
int intArray[ ][ ]={{1,2},{2,3},{3,4,5}};
```

(2) 动态初始化

直接为每一维分配空间，具体语法格式如下：

```
数组名=new 数组元素类型[arrayLength1][arrayLength2];
```

从最高维开始，分别为每一维分配空间：

```
数组名=new 数组元素类型[arrayLength1][ ];
数组名[0]=new 数组元素类型[arrayLength20];
数组名[1]=new 数组元素类型[arrayLength21];
…
数组名[arrayLength1-1]=new 数组元素类型[arrayLength2n];
```

小提示

在 Java 语言中多维数组的声明和初始化应按从高维到低维的顺序进行。对于二维复合数据类型的数组，必须首先为最高维分配引用空间，然后再顺次为低维分配空间，另外还必须为每个数组元素单独分配空间。

3. 二维数组元素的引用

与一维数组相同，二维数组元素可以通过指定数组元素下标的方式进行引用。对于二维数组中的每个元素，引用方式为：数组名[index1][index2]。需要注意的是：在数组

的每一维中,数组元素的编号均从 0 开始,到该维的数组元素个数减 1 结束。

2.4 扩展实例

本节中将使用 Eclipse 来开发一个 Java 应用程序,用于实现多个数据的排序。下面通过实例来进一步说明 Java 的语法规则。

2.4.1 编写步骤

首先,通过双击 Eclipse 文件夹中名为 Eclipse 的可执行文件,就可以启动 Eclipse 了。然后,开始进行 Java 程序的开发。

1. 创建 Java 项目

执行"文件"→"新建"→"Java 项目"命令,在打开的"新建 Java 项目"对话框中,设置项目名,并在"内容"选项组中设置项目的保存位置。然后,单击"完成"按钮,完成 Java 项目的创建工作,系统会在项目的保存位置上创建相应的文件夹。

2. 创建 Java 类

执行"文件"→"新建"→"类"命令,在打开的"新建 Java 类"对话框中,设置类名。然后,单击"完成"按钮,完成 Java 类的创建工作,系统会自动在项目文件夹中创建相应的文件。

3. 编写 Java 类

在编辑窗口中输入以下 Java 程序代码:

```
1    //BubbleSort.java
2    public class BubbleSort{
3        public static void main(String args[]){
4            int a[]={27,6,4,8,10,12,89,68,45,37};
5            System.out.println("排序前的数据序列: ");
6            printArray(a);
7            System.out.println("选择排序的各趟结果: ");
8            sortBubble(a);
9            printArray(a);
10       }
11
12       //数组排序的方法
13       public static void sortBubble(int a[]){
14           int hold;
15           for(int pass=1;pass<a.length;pass++){
16               for(int i=0;i<a.length-1;i++)
17                   if(a[i]>a[i+1]){
18                       hold=a[i];
19                       a[i]=a[i+1];
20                       a[i+1]=hold;
21                   }
22               printArray(a);
23           }
```

```
24          }
25
26          //打印数组的方法
27          public static void printArray(int b[]){
28              for(int i=0;i<b.length;i++)
29                  System.out.print(" "+b[i]);
30                  System.out.println("");
31          }
32      }
```

输入完成后,执行“文件”→“保存”命令,即可在 Eclipse 中完成 Java 程序的编写工作。

2.4.2　运行结果

执行“运行”→“运行方式”→“Java 应用程序”命令,即可执行程序。如果程序尚未保存,Eclipse 会询问在执行前是否要保存文档,然后执行程序。

扩展实例的 Java 程序的运行结果如图 2-5 所示。在 Eclipse 中运行 Java 程序时,通常会将在命令窗口中显示的结果显示在“控制台”中。

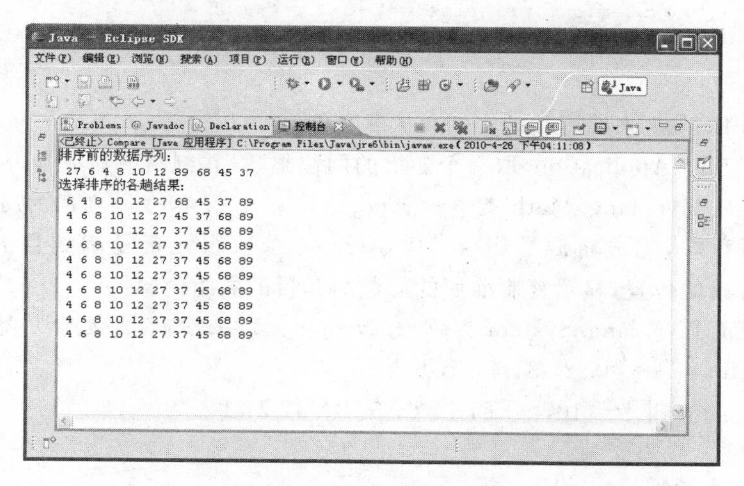

图 2-5　冒泡排序运行结果

本章实训

1. 实训目的

(1) 掌握 Java 的基础语法规则。

(2) 掌握 Java 程序的流程控制。

(3) 掌握 Java 中数组的相关用法。

2. 实训内容

熟悉 Java 语法规则。

3. 实训步骤

(1) 运算符程序的调试和运行,记录运行结果,并对运行结果进行分析。

```
1      public class Ex2_1{
2          public static void main(String args[]){
3              int a=234;
4              int b;
5              boolean c;
6              b=0;
7              c=(a==234)||(b++==1);
8              System.out.println("b="+b+" c="+c);
9              b=0;
10             c=(a==234)|(b++==1);
11             System.out.println("b="+b+" c="+c);
12             b=0;
13             c=(a!=234)||(b++==1);
14             System.out.println("b="+b+" c="+c);
15             b=0;
16             c=(a!=234)|(b++==1);
17             System.out.println("b="+b+" c="+c);
18         }
19     }
```

(2) 使用 Eclipse 来编写基础实例和扩展实例。

(3) 编写 Java Application,取一个随机的两位整数,并判断该整数是否为素数。

提示:利用 Java.lang.Math 类中的 random 取一个 0.0～1.0 之间的随机整数。

(4) 编写程序,完成将源数组 s[]中第 2～4 个数组元素复制到目的数组 d[]的第 4 个元素开始的位置,显示复制前后的源数组和目的数组内容。

提示:利用 Java.lang.System 类的 arraycopy()方法进行数组元素复制。

源数组:int s[]={1, 2, 3, 4, 5, 6}。

目的数组:int d[]={10, 9, 8, 7, 6, 5, 4, 3, 2, 1}。

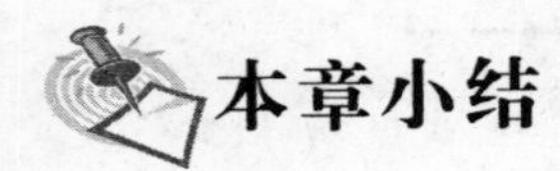

本章小结

Java 中的数据类型有简单数据类型和复合数据类型两种,其中简单数据类型包括整数类型、浮点数类型、字符类型和布尔类型;复合数据类型包括类、接口和数组。表达式是由运算符和操作数组成的符号序列,对一个表达式进行运算时,要按运算符的优先顺序从高向低进行,同级的运算符则按从左到右的方向进行。条件语句、循环语句和跳转语句是 Java 中常用的控制语句。

数组是最简单的复合数据类型,数组是有序数据的集合,数组中的每个元素具有相同的数据类型,可以用一个统一的数组名和下标来唯一地确定数组中的元素。在 Java 中对数组进行声明时并不为数组元素分配内存,只有初始化后,才为数组中的每一个元素分配空间。已定义的数组必须经过初始化后,才可以引用。数组的初始化

分为静态初始化和动态初始化两种，其中对复合数据类型数组进行动态初始化时，必须经过两个空间分配的步骤：首先，为数组分配每个元素的引用空间；然后，再为每个数组元素分配空间。

课外阅读

1. 图形对话框

javax. swing 包中提供了 JOptionPane 类来实现类似 Windows 平台下的 MessageBox 的功能，同样在 Java 中也有，利用 JOptionPane 类中的各个 static 方法来生成各种标准的对话框，实现显示信息、提出问题、警告、让用户输入参数等功能，这些对话框都是模式对话框。

① ConfirmDialog：确认对话框，提出问题，然后由用户自己来确认（单击 Yes 或 No 按钮）。

② InputDialog：文本输入对话框，提示用户输入文本。

③ MessageDialog：消息对话框，显示相关信息。

④ OptionDialog：组合其他 3 个对话框类型。

这 4 个对话框可以采用 showXXXDialog()来显示，如 showConfirmDialog()显示确认对话框，showInputDialog()显示文本输入对话框，showMessageDialog()显示消息对话框，showOptionDialog()显示选择性的对话框。它们所使用的参数说明如下。

① ParentComponent：指定对话框的父窗口对象，一般为当前窗口。也可以为 null，即采用默认的 Frame 作为父窗口，此时对话框将设置在屏幕的正中央。

② message：指定要在对话框内显示的描述性文字。

③ String title：指定要在标题栏上显示的标题文字。

④ Component：在对话框内要显示的组件（如按钮）。

⑤ Icon：在对话框内要显示的图标。

⑥ messageType：指定对话框的类型，以不同的图标表示。一般可以为如下的值：ERROR _ MESSAGE、INFORMATION _ MESSAGE、WARNING _ MESSAGE、QUESTION_MESSAGE、PLAIN_MESSAGE 等。

⑦ optionType：指定在对话框的底部所要显示的按钮选项。一般可以为 DEFAULT_OPTION、YES_NO_OPTION、YES_NO_CANCEL_OPTION、OK_CANCEL_OPTION 等。

具体使用实例如下。

(1) showMessageDialog

```
JOptionPane.showMessageDialog(null, "在对话框内显示的描述性的文字", "标题栏的标题
文字", JOptionPane.ERROR_MESSAGE);
```

(2) showConfirmDialog

```
JOptionPane.showConfirmDialog(null, "choose one", "choose one", JOptionPane.
YES_NO_OPTION);
```

(3) showOptionDialog

该种对话框可以由用户自己来设置各个按钮的个数并返回用户单击各个按钮的序号(从 0 开始计数)。

```
Object[] options={"确定","取消","帮助"};
int response= JOptionPane.showOptionDialog(this, "这是个选项对话框,用户可以选择
自己的按钮的个数", "选项对话框标题", JOptionPane.YES_OPTION, JOptionPane.
QUESTION_MESSAGE, null, options, options[0]);
if(response==0)
{
    this.setTitle("您单击了 OK 按钮");
}
else if(response==1)
{
    this.setTitle("您单击了 Cancel 按钮");
}
else if(response==2)
{
    this.setTitle("您单击了 Help 按钮");
}
```

(4) showInputDialog 以便让用户进行输入

```
String inputValue=JOptionPane.showInputDialog("Please input a value");
```

(5) showInputDialog 以便让用户进行选择

```
Object[] possibleValues={"First", "Second", "Third"};        //用户的选择项目
Object selectedValue=JOptionPane.showInputDialog(null, "Choose one", "Input",
JOptionPane.INFORMATION_MESSAGE, null, possibleValues, possibleValues[0]);
setTitle("您选择了"+(String)selectedValue+"项目");
```

2. 排序算法

排序算法是一种基本并且常用的算法。由于在实际工作中处理的数据量巨大,所以排序算法对算法本身的速度要求很高。

(1) 冒泡排序

最简单的排序方法是冒泡排序(Bubble Sort)方法。这种方法的基本思想是,将待排序的元素看做是竖着排列的“气泡”,较小的元素比较轻,从而要往上浮。在冒泡排序算法中要对这个“气泡”序列处理若干遍。所谓一遍处理,就是自底向上检查一遍这个序列,并时刻注意两个相邻的元素的顺序是否正确。如果发现两个相邻元素的顺序不对,即“轻”的元素在下面,就交换它们的位置。显然,处理一遍之后,“最轻”的元素就浮到了最高位置;处理两遍之后,“次轻”的元素就浮到了次高位置。在进行第二遍处理时,由于最高位置上的元素已是“最轻”元素,所以不必检查。一般地,进行第 i 遍处理时,不必检查第 i 高位置以上的元素,因为经过前面 $i-1$ 遍的处理,已将它们正确地排好序。

算法如下:

```
/**
* 冒泡排序
* @paramsrc 待排序数组
* /
void doBubbleSort(int[] src)
{
    int len=src.length;
    for(int i=0;i<len;i++)
    {
        for(int j=i+1;j<len;j++)
        {
            int temp;
            if(src[i]>src[j])
            {
                temp=src[j];
                src[j]=src[i];
                src[i]=temp;
            }
        }
        printResult(i,src);
    }
}
```

(2) 选择排序

选择排序(Selection Sort)的基本思想是：对待排序的记录序列进行 $n-1$ 遍的处理，第 1 遍处理是将 L[1..n]中最小者与 L[1]交换位置，第 2 遍处理是将 L[2..n]中最小者与 L[2]交换位置，……，第 i 遍处理是将 L[i..n]中最小者与 L[i]交换位置。这样，经过 i 遍处理之后，前 i 条记录的位置就已经按从小到大的顺序排列好了。

当然，实际操作时，也可以根据需要，通过从待排序的记录中选择最大者与其首记录交换位置，按从大到小的顺序进行排序处理。

算法如下：

```
/**
* 选择排序
* @paramsrc 待排序的数组
* /
void doChooseSort(int[] src)
{
    int len=src.length;
    int temp;
    for(int i=0;i<len;i++)
    {
        temp=src[i];
        int j;
        int samllestLocation=i;                    //最小数的下标
        for(j=i+1;j<len;j++)
        {
            if(src[j]<temp)
```

```
                {
                    temp=src[j];                        //取出最小值
                    samllestLocation=j;                 //取出最小值所在下标
                }
            }
            src[samllestLocation]=src[i];
            src[i]=temp;
            printResult(i,src);
        }
    }
```

(3) 插入排序

插入排序(Insertion Sort)的基本思想是，经过 $i-1$ 遍处理后，L[1.. $i-1$]已排好序。第 i 遍处理仅将 L[i]插入 L[1.. $i-1$]的适当位置，使得 L[1.. i]又是排好序的序列。要达到这个目的，可以用顺序比较的方法。首先比较 L[i]和 L[$i-1$]，如果 L[$i-1$]≤L[i]L[1.. i]已排好序，第 i 遍处理就结束了；否则交换 L[i]与 L[$i-1$]的位置，继续比较 L[$i-1$]和 L[$i-2$]，直到找到某一个位置 j($1 \leqslant j \leqslant i-1$)，使得 L[$j$] ≤L[$j+1$]时为止。

简言之，插入排序就是每一步都将一个待排数据按其大小插入到已经排序的数据中的适当位置，直到全部插入完毕。插入排序方法分为直接插入排序和折半插入排序两种，这里只介绍直接插入排序。

在下面的插入排序算法中，为了写程序方便可以引入一个哨兵元素 L[0]，它小于 L[1.. n]中的任一记录。所以，设元素的类型 ElementType 中有一个常量 $-\infty$，它比可能出现的任何记录都小。如果常量 $-\infty$ 不容易事先确定，就必须在决定 L[i]是否向前移动之前检查当前位置是否为 1，若当前位置已经为 1 就应结束第 i 遍的处理。另一个办法是在第 i 遍处理开始时，将 L[i]放入 L[0]中，这样也可以保证在适当的时候结束第 i 遍处理。在下面的算法中将对当前位置进行判断。

算法如下：

```
/**
 * 插入排序(While 循环实现)
 * @paramsrc 待排序数组
 * /
void doInsertSort1(int[] src)
{
    int len=src.length;
    for(int i=1;i<len;i++)
    {
        int temp=src[i];
        int j=i;
        while(src[j-1]>temp)
        {
            src[j]=src[j-1];
            j--;
            if(j<=0)
                break;
```

```
        }
        src[j]=temp;
        printResult(i+1,src);
    }
}
/**
* 插入排序(for循环实现)
* @paramsrc 待排序数组
* /
void doInsertSort2(int[] src)
{
    int len=src.length;
    for(int i=1;i<len;i++)
    {
        int j;
        int temp=src[i];
        for(j=i;j>0;j--)
        {
            if(src[j-1]>temp)
            {
                src[j]=src[j-1];
            }else//如果当前的数不小于前面的数,那就说明不小于前面所有的数,
                //因为前面的数已经是排好了序的,所以直接退出当前一轮的比较
                break;
        }
        src[j]=temp;
        printResult(i,src);
    }
}
```

课后作业

1. 简述Java在基础语法上与C/C++的区别。

2. 编写一个Java Application,使用算术运算符得到一个4位十进制数的各位数字并输出,然后输出该数的逆序数和将各位数字求平方后相加的和。

3. 编写一个Java Applet,求程序中给定的4个double型数据的最大值和最小值,并输出结果。

4. 编写一个Java Application,通过对话框依次接收3个参数x、y、op进行算术运算,其中x和y为float型数据,op为运算符(+、-、*、/之一),并在对话框中显示运算结果。

5. 编写一个Java Applet,计算10000以内所有偶数的累加和(分别用while、do...while和for循环实现)。

6. 编写一个Java Application,求出给定的整数的所有因子的和。

7. 编写一个Java Application,判断给定的整数是否为素数。

第3章

车辆信息显示

引言

本章将介绍如何使用Java语言实现面向对象程序设计的基本概念，包括类和对象的关系，类的实例化，类的派生和继承，多重继承的功能接口以及包等概念，并综合运用上述知识给出两个简单的车辆信息显示的实例。

3.1 基础实例

本实例的功能是通过创建类及对象等操作，完成一个可以显示小轿车信息的程序。

3.1.1 编写步骤

在Eclipse中建立一个小轿车类，在其中定义小轿车的各种属性及其方法，并对小轿车类进行实例化，创建一个速腾轿车的对象。然后设置速腾轿车对象的属性，并执行相关的方法，最后显示出这个对象的各种信息。下面给出了程序的源代码清单。

```
1    public class CarDisp {                          //小轿车类
2
3      public static void main(String[] args) {
4         CarDisp Sagitar=new CarDisp();             //创建对象速腾
5
6         Sagitar.color="黑";
7         Sagitar.model="速腾";
8         Sagitar.horsepower="小";
9         Sagitar.manufacturer="一汽大众";
10
11        System.out.println("车辆类型："+Sagitar.type);
 …
15        System.out.println("生产厂家："+Sagitar.manufacturer);
16
17        System.out.println("当前车速："+Sagitar.speed+"行驶方向："+Sagitar.direction);
 …
```

```
34      }
35
36      public String type;                        //车辆类型
37      public String color;                       //颜色
38      public String model;                       //型号
39      public String horsepower;                  //马力
40      public String manufacturer;                //生产厂家
41      public int speed;                          //速度
42      public String direction;                   //方向
43
44      public CarDisp(){
45          type="小轿车";
46          direction="前";
47          speed=0;
48      }
49
50      public void run(){                         // 行驶方法
 …
53      }
54
55      public void turnleft(){                    //左转弯方法
 …
57      }
 …
78  }
```

3.1.2　运行结果

编写完成后，可以测试程序的运行结果。这个程序的所有输出都是显示在终端上的，在 Eclipse 中特别增加了一个“控制台”面板用于显示终端结果，当单击 按钮运行程序后，“问题”面板的后面会出现“控制台”面板，其中显示了程序的运行结果，如图 3-1 所示。可以单击“控制台”3 个字所在的区域，这时面板的显示区域就会变大，再次单击会恢复原大小。

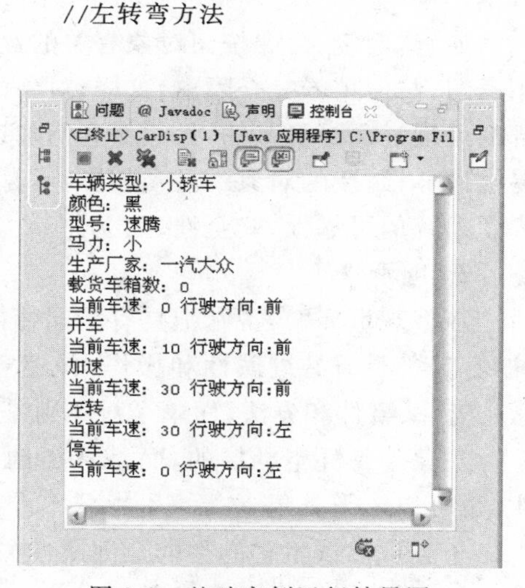

图 3-1　基础实例运行结果图

3.2　基础知识——面向对象程序设计基础

面向对象程序设计实际上是围绕组成问题领域的事物进行的程序设计，所关心的是对象以及对象间的相互联系，整个程序系统只由对象组成，对象间的联系只通过消息传递进行，系统运行就是多个对象经过消息传递相互联系，共同完成某一工作。

面向对象程序设计的基本原理是：对要处理的问题实现自然分割，按照通常的思维方式建立问题领域的模型，设计尽可能自然地实现问题求解的程序。

Java 语言是一种完全面向对象的语言，它通过类、对象等概念来组织和构建整个程序，因此，掌握面向对象程序设计的基本概念和方法是学习 Java 编程的前提和基础。

3.2.1 面向对象程序设计的特点

面向对象程序设计的主要特点是以对象作为基本的逻辑构件，用类来描述具有相同特征的对象，整体地代表这类对象，以继承性作为共享机制，共享类中的方法和属性，对象之间则以消息传递的方式进行通信。传统的程序设计开发人员不再仅仅根据某种程序设计语言的语句和表达式来编制程序，而是要求软件开发者通过装配其他编制者提供的可重用的“软件体”来产生软件。面向对象的程序设计最为显著的特点是具有封装性、继承性、多态性。

1. 封装性

所谓封装性(Encapsulation)就是将相关的信息、操作与处理融合在一个内含的部件(对象)中。简单地说，封装就是隐藏信息，这是面向对象方法的中心，是面向对象程序设计的基础。

在现实世界中，封装性的例子很多。如人们无须了解汽车的内部构造，照样可以驾驶汽车。

如将“确定”命令按钮对象有关的数据、执行代码全部封装在一个控件内，对外界完全不透明，与使用者完全隔离，这样，对象的使用者只能看到对象封装界面的信息(确定)，内部的处理过程是隐藏的，无法对它们加以控制和干预。由于数据和代码封装在对象中，不易被破坏；封装的对象不会互相影响，易于维护，保证了系统模块化，简化了软件开发，提高了系统的可靠性、安全性、独立性。

2. 继承性

在客观世界中，常常把具有相同特征的事物，如客车、卡车、轿车归类为汽车。从对象的观点看，具有共同属性和操作，并遵守相同规则的对象的集合就是类。类具有三大要素：属性、事件和方法，而单个对象则是对应类的一个实例。

对象不是凭空杜撰的，而是从类创建的。从基类可以建立子类，对象可以从基类产生，也可以由子类建立。

子类可以派生它的类的全部属性(数据)和方法，而根据某一类建立的对象也都具有该类的全部特性，这就是继承性(Inheritance)。继承性自动在类与子类间共享功能与数据，当对某个类进行了某项修改后，其子类会自动改变，子类会继承其父类的所有特性与行为模式。继承有利于提高软件开发效率，容易达到一致性。

3. 多态性

所谓多态性(Polymorphism)就是多种形式。不同的对象在接收到相同的消息时，采用不同的动作。例如，一个应用程序包括许多对象，这些对象也许具有同一类型的工作，但是却以不同的做法来实现。不必为每个对象的过程取一个过程名，导致复杂化，可以复用过程名。同一类型的工作有相同的过程名，这种技术称为多态性。

在真实世界中，同类型工作的名称是一样的，不论对象是什么。例如，不管是教英语的，还是教数学的，一般都称为老师。

多态性允许每个对象以适合自己的方式去响应共同的消息，可以实现软件的简洁性和一致性，符合真实世界的习惯与需求。

3.2.2　类的建立与声明

类(Class)实际上是对某种类型的对象定义变量和方法的原型。它表示对现实生活中一类具有共同特征的事物的抽象，是面向对象编程的基础。

类是对某个对象的定义。它包含有关对象动作方式的信息，包括它的名称、方法、属性和事件。实际上类本身并不是对象，因为它不存在于内存中。当引用类的代码运行时，类的一个新的实例，即对象，就在内存中创建了。虽然只有一个类，但能基于这个类在内存中创建多个相同类型的对象。

可以把类看做"理论上"的对象，也就是说，它可以为对象提供蓝图，但在内存中并不存在。从这个蓝图可以创建任何数量的对象。从类创建的所有对象都有相同的成员：属性、方法和事件。但是，每个对象都像一个独立的实体一样动作。例如，一个对象的属性可以设置成与同类型的其他对象不同的值。

类定义的一般形式如下：

```
限制符 class 类名{
    类体
}
```

类的定义由类头和类体两部分组成。类头一般由限制符 public 和关键字 class 开头，public 是类属性的限制符，表示是一个公共的类，class 是类定义中使用的关键字。在其后面是类名，命名规则与一般标识符的命名规则一致。类体包括所有的细节，并放在一对花括号中。

在类头中还可以放置一些其他的限制符，例如，可以在 public 和 class 之间放置 abstract，这个表示定义的类是一个抽象类，它不能生成对象实例，只用于派生其他子类；如果放置的是 final，表示这个类是不能被继承的，只能用于实例化对象。

在一个类文件中必须有一个类的类名与类文件的名称相同(在将多个类同时存放在一个类文件中时也是一样)，例如，基础实例中的 CarDisp.java 文件中就必须有一个名为 CarDisp 的类。

3.2.3　类的属性与方法

类是组成 Java 程序的基本元素，类头中指明了属性和名称，但最主要的部分是类体部分，在其中封装了一系列的属性和方法。

1. 属性

属性就是数据成员，它们指定了该类的内部表示，其一般由常量或变量组成，例如，基础实例中第 36～41 行，就是类属性的定义。

在类定义中属性可以赋初值，如果设置了初始值，实例化对象后，对象中的属性就会继承该值。如果没有在类定义中设置初始值，则在实例化对象后，要进行显式的赋值操作，否则该值会为空(null)。

2. 方法

方法是包含一系列语句的代码块，他们指定了该类的操作方法，方法一般由方法头和方法体组成，方法的定义如下：

```
限制符 返回值类型 方法名(参数类型 参数 1, 参数类型 参数 2,…){
    方法体
}
```

限制符规定了方法的一些属性，例如，公有(public)或是私有(private)等。返回值类型规定了方法返回值的类型，如果方法需要有返回值，在方法中使用“return 返回值”语句返回一个值；如果方法不需要有返回值，返回值类型要写成 void。方法名命名规则与一般标识符的命名规则一致，在面向对象程序设计中，方法名可以相同，这是由多态性体现的，要使用方法的重载。

方法名的后面是一个以括号括起来的参数集合，这些参数是用来向方法传递数据的，每个参数都要说明其类型，参数之间使用逗号分隔。如果没有传递给方法的参数，则参数的位置可以为空，但括号要保留。

方法体是由一系列 Java 语句组成的，它们必须使用花括号对{}括起来。

基础实例中的第 50 行、第 55 行等就定义了没有参数的 run()、turnleft()等方法，并在其中写了相应的操作语句。

小提示

在一般情况下方法体中都包含一条或多条语句，但也可以没有语句，即方法体为空，这种情况一般出现在派生类或接口中。

3. 构造方法

方法中有一个特殊的应用，当方法名与类名相同时，这个方法称为构造方法，即在对象被实例化时自动调用的一个方法，一般将需要初始化的语句放在其中。构造方法没有返回值，因此不需要设置返回值类型，除此之外，其他内容与一般方法的定义相同。

当没有定义构造方法时，类中会有一个唯一的、默认的、无参数的构造方法，这个构造方法是隐式存在的。而当在类中显式地定义了构造方法并实例化对象时，就会调用定义的构造方法。同一般方法一样，构造方法也具有多态性。

基础实例中第 44 行就是定义了类的构造方法，其中放置了一些初始化的语句。

3.2.4 类中的访问权限

一个 Java 应用有很多类，但是有些类并不允许被其他类使用。每个类中都有数据成员和方法成员，但是并不是每个数据成员和方法都允许其他类调用。要进行访问控制，就

需要使用访问权限修饰符。Java 提供了一组访问权限修饰符，包括 public、private、protected 和 friendly。

1. public 修饰符

类中定义为 public 的成员可以被其他的类自由访问，它是最普遍的权限设置类型。

Java 中的类是通过包的概念来组织的，简单地说，定义在同一个程序文件中的所有类都属于同一个包。处于同一个包中的类都是可见的，即可以不需任何说明而方便地互相访问和引用。

但是，处于同一包中的 public 类作为整体对其他类是可见的，并不代表该类的所有数据成员和成员方法也同时对其他类是可见的，这由这些数据成员和成员方法的修饰符来决定。只有当 public 类的数据成员和成员方法的访问权限修饰符也被声明为 public 时，这个类的所有用 public 修饰的数据成员和成员方法才同时对其他类也是可见的。

在进行程序设计时，如果希望将某个类作为公共工具供其他的类和程序使用，则应该把类本身和类内的方法都声明为 public。例如，把 Java 类库中的标准数学函数类 math 和标准数学函数方法都声明为 public，以供其他的类和程序使用。

由于任何其他类都可以访问类中的公有成员，因此，在声明公有成员变量时要小心，不要引发一些不必要的冲突。建议把成员变量都声明为私有的，而把成员方法声明为公有的，这样可以避免很多错误。

2. private 修饰符

类中限定为 private 的成员只能被这个类本身所访问，而不能被任何其他类（包括该类的子类）访问和引用。private 也是类中的成员变量最常采用的访问属性。

需要注意的一点是：同一类的不同对象间可以访问对方的 private 成员变量或者调用对方的 private 方法，这是因为 private 的访问保护是控制在类的级别上的，而不是控制在对象的级别上的。

3. protected 修饰符

类中定义为 protected 的成员可以被这个类本身、它的派生子类（包括同一个包以及不同包中的子类）以及同一个包中所有的其他类所访问。

4. friendly 修饰符

类中定义为 friendly 的成员可以被这个类本身和同一个包中的所有类所访问。如果在成员变量和方法前不加任何访问权限的修饰符，即指明它的访问权限为 friendly，也就是说，这是默认的情况，因此没有必要特意声明。

5. 使用修饰符时的注意事项

有关 Java 语言修饰符的使用，需要注意以下几个问题。

（1）并不是每个修饰符都可以修饰类（指外部类），只有 public 和 friendly 可以。

（2）所有修饰符都可以修饰数据成员、方法成员、构造方法。

（3）为了代码安全起见，修饰符不要尽量使用权限大的，而是适用即可。比如，数据成员，如果没有特殊需要，尽可能用 private。

(4) 修饰符修饰的是“被访问”的权限。

3.2.5 对象

所谓对象就是类的实例化，一个对象就是类中所定义的一组变量和相关方法的集合。对象的变量是构成对象的核心，不同对象的变量是分离的。对象通过成员变量和类方法进行相互间的交流，以实现各种复杂的行为。

类和对象的关系就是共性和个性的关系，由于许多对象常常具有一些共性，因此将这些共性抽象出来，就成为类。通过创建类的一个实例来创建该类的一个对象，通过赋予各个对象不同的值来实现各对象不同的特性。

1. 对象的声明

对象的声明与普通变量的声明相似，首先指定一个类名作为这个对象的类类型，然后在类名后写一个对象名即可。对象声明的例子如下所示：

```
类 A 对象 A;
类 B 对象 B1, 对象 B2;
```

类 A 实例化了一个对象 A，类 B 实例化了两个对象 B1 和 B2。

小提示

对象的声明只是说明这个对象可以存在，但还没有分配空间，如果后面没有实例化这个对象(即创建对象)，则无法使用这个对象和对象中的成员。

2. 对象的创建

定义一个类后，可以生成多个不同的对象。对象的生成是通过构造方法完成的，调用工作由 new 运算符实现，在其后面是类的构造方法。如果类中没有显式地定义构造方法，则需要使用默认的构造方法，即在 new 运算符后，写上类名并加上一个括号对。下面的示例中创建了两个对象。

```
对象 A=new 类 A();
对象 B1=new 类 B("hello");
```

创建对象时首先为其分配空间，同时调用构造方法对对象进行初始化设置，当然也可以在创建对象后再单独进行初始化，这样就将生成一个新的实例。

同普通变量一样，对象的声明和创建也可以放在一起，例如，基础实例中第 4 行的代码，就是在声明 Sagitar 对象的同时对其进行实例化。

3. 访问对象中的成员

一个对象可以有许多属性和多个方法。在面向对象的系统中，一个对象的属性和方法被紧密地结合成一个整体，二者是不可分割的，并且限定一个对象的属性值只能由这个对象或它的方法来读取和修改。

当一个对象被创建后，这个对象就拥有了自己的数据成员和成员方法，可以通过引用对象的成员来使用对象。

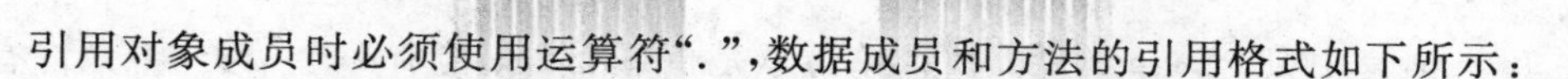

引用对象成员时必须使用运算符“.”，数据成员和方法的引用格式如下所示：

对象名.数据成员名
对象名.方法名(参数表)

例如，基础实例中的第6行和第20行等。

3.3 扩展知识——高级面向对象程序设计

现实世界中的任何事物都是对象，这些对象的相互作用造就了这个丰富多彩、生机勃勃的世界。继承是存在于面向对象程序中的两个类之间的一种关系，是面向对象程序设计方法中的一种重要手段，是面向对象技术中最具特色、与传统方法最不相同的一个特点。

在一个软件系统中，通过继承机制可以更有效地组织程序结果，明确类间关系，并充分利用已有类来完成更复杂、更深入的开发，实现软件复用。重载可以在同一类中定义多个同名但内容不同的成员方法。Java语言不支持类的多重继承，而是用接口实现多重继承。

Java引入了包的机制，以提供类的多重命名空间，同时负责类名空间管理。

3.3.1 派生与继承

继承是面向对象程序设计的一种重要手段。在面向对象的程序设计中，采用继承的机制可以有效地组织程序的结构，设计系统中的类，明确类间关系，充分利用已有的类来完成更复杂、深入的开发，大大提高程序开发的效率，降低系统维护的工作量。

类继承也称为类派生，是指一个类不需要进行任何定义就可以拥有其他类的非私有成员，实现代码重用。若类B继承类A，则属于B的对象便具有类A的全部或部分性质，称被继承的类A为基类、父类或超类，而称继承类B为A的派生类或子类。父类与子类的层次关系如图3-2所示。

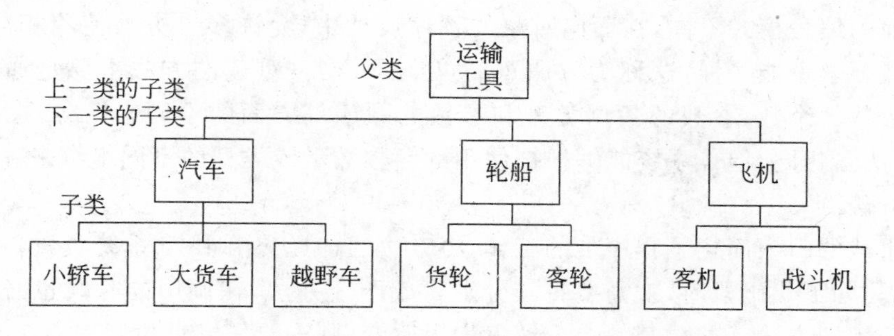

图3-2 父类与子类的层次关系

类的继承反映了客观世界的层次关系，Java语言以object类作为所有类的父类，所有的类都是直接或间接地继承object类得到的。Java还提供不同层次的标准类，使用户可以根据需要派生自己的类。

在 Java 语言中只允许单继承。所谓单继承是指每个类只能有一个父类，不允许有多个父类，但允许一个类同时拥有多个子类，这时这个父类实际上是所有子类的公共成员变量和公共方法成员的集合，而每一个子类则是父类的特殊化，是对公共成员变量和方法成员的功能、内涵方面的扩展和延伸，这种单继承关系就形成了一棵继承树。

类继承不改变成员的访问权限，父类中的成员为公有的或被保护的，则其子类的成员访问权限也继承为公有的或被保护的，而父类中的私有成员是不能被继承的。

在 Java 中使用 extends 关键字进行类的继承声明，在子类名称的后面加上 extends 和唯一的一个父类名，例如下面的语句：

```
class Automobile {
    …
}

class Car extends Automobile {
    …
}
```

其中，Automobile 为父类，而 Car 是 Automobile 类的子类，即从 Automobile 类派生出来的，当然也可以说 Car 类继承了 Automobile 类。

有时派生的子类需要引用父类中的数据，或是调用父类中的方法，为此 Java 提供了 super 关键字。如果需要调用父类的构造方法，则使用如下的格式：

```
super(参数)
```

如果是引用父类中的数据，或是调用父类中一般的方法，使用的格式如下所示：

```
super.数据成员;
super.方法(参数);
```

3.3.2 方法重载

与以前的编程模式不同，在面向对象的程序设计中，允许多个方法使用相同的名称，但是其参数要求不能一样，这称为方法重载(Override)。重载的方法主要是通过形式参数列表中参数的个数、参数的数据类型和参数的顺序等方面的不同来区分，在调用方法时，虽然方法名相同，但是系统能够根据使用的参数数量或类型的不同组合来确定调用的是哪一个方法。

方法重载的引入简化了程序员的工作，将方法的选择交由 Java 系统负责。如果没有重载，在编写如下代码段时，就需要将其分别写成两个方法，在调用的时候也必须由程序员指定要使用的方法。如果某一个方法发生了改变，则需要仔细查找调用语句，以防止发生错误的修改。

```
public int add1(int a, int b){
    return a+b;
}
```

```
public float add2(float a, float b){
    return a+b;
}
```

现在有了方法重载，就可以将方法名写成相同的名称，如下面的代码段所示：

```
public int add(int a, int b){
    return a+b;
}

public float add(float a, float b){
    return a+b;
}
```

在调用时，只需要调用方法并给出参数即可，Java 系统会根据不同的参数值自动调用正确的方法。调用方法的语句如下所示：

```
sum1=add(1, 2);
sum2=add(2.1, 3.2);
```

构造方法也可以重载，如下面的语句所示：

```
class BigTrucks extends Automobile {

    public BigTrucks(){
        super("卡车");
        color="绿色";
    }

    public BigTrucks(String t){
        super(t);
    }
    …
}
```

在 BigTrucks 类中定义两个拥有相同名称但参数不同的构造方法。在创建对象时，根据构造函数的不同，会进行不同的初始化操作。

小提示

使用方法重载时方法的名称可以相同，参数的数量或是类型要不一样，否则 Java 系统将无法正确识别。

3.3.3　接口

许多面向对象的程序语言，如 C++，都允许一个子类不止从一个父类中继承。例如，清扫车既是一种卡车，也是一种清扫设备，所以它是卡车的子类，同时还是清扫设备的子类。

自然界中这种多继承结构到处可见，但当程序员使用多重继承时，会遇到很多问题。

程序员不得不处理父类中可能同名的变量和方法，当子类使用其中的一个名字时，就会产生冲突。另外，由于子类构造方法必须调用它的父类构造方法，当有两个或多个父类时，就变得非常复杂了。

正是由于这些原因，Java 语言不支持类的多重继承，而是用接口(Interface)实现多重继承的功能。在接口中只定义方法，而不给出方法体，所以其中的方法实际上是抽象方法。另外，在接口中只允许定义常量，不允许定义变量。可以说接口是抽象方法和常量值的定义的集合，从本质上讲，接口是一种特殊的抽象类。

接口与接口之间允许多重继承，由于在接口中只定义方法，而不给出方法体，所以接口之间的多重继承只是方法的集合的合并，即子接口的方法集合是其所有父接口的方法集合的并集，即使继承了多个相同的方法，也不会在方法执行时混淆。接口的功能需要通过类实现，一个类可以实现多个接口。

1. 接口的定义

Java 语言中的接口是通过 interface 关键字来声明的，其声明格式如下：

```
interface 接口名 {
    接口体
}
```

interface 是定义接口的关键字，其后是接口名。接口具有 public 访问权限，所以即使在程序代码中没有写出 public，也不影响其访问权限。

接口体中包含常量定义和方法声明两部分。在接口体中定义的数据成员必须赋予初值，并且在引用这个接口的类中不能修改，这与定义一个常量在作用上是相似的。

接口体中的方法只进行方法声明，无须提供方法体，方法体中的内容需要在引用这个接口的类中补充完整。下面的示例定义了一个清扫设备接口：

```
interface CleaningEquipment {                       //清扫设备接口
    public int CleanerNumber=2;

    public void CleanBegin();
    public void CleanStop();
}
```

2. 接口的继承

Java 语言允许在已有接口的基础上定义新接口，这是通过接口的继承机制实现的。Java 语言不允许类之间的多重继承，但允许接口之间的多重继承。

接口之间的继承像类的继承一样，也是用 extends 子句来实现的。被继承的接口称为父接口。在 extends 子句中，可以写出当前接口所要继承的所有父接口，如果父接口多于一个，要用逗号分隔开，具体的语法格式如下：

```
interface 子接口名 extends 父接口名 1, 父接口名 2
{
    接口体
}
```

子接口继承各个父接口的全部成员，而对于相同的成员，子接口中只保留一个副本。或者说子接口的方法成员的集合是各个父接口的方法成员的集合的并集。

3. 接口的实现

在接口中只声明了方法成员，而没有给出方法体，这样还不能在程序中使用，要想使用接口中声明的方法成员，就必须在实现接口的类中给出方法体，这个过程称为接口的实现。在类的声明中，用 implements 子句来表示实现某个或某些接口。

虽然一个子类只能继承一个父类，但是可以实现多个接口，多个接口的名称写在 implements 子句中，用逗号分隔开。在接口中定义的方法都必须在实现接口的类中给出方法体，给出了方法体，则接口就实现了。即使没有必要给出方法体的方法，按照语法要求，在形式上也必须给出一个由{}标出的空方法体。类的继承和接口的实现可以同时出现在同一个类定义中，所以可以在一个类定义中同时出现 extends 子句和 implements 子句，extends 子句和 implements 子句之间可以连续依次写，不需要用逗号或其他符号分隔开。

下面的示例是定义一个既继承了 BigTrucks 类，又实现了 CleaningEquipment 接口的子类 CleanVehicle，子类将会继承父类所有可以继承的成员，也会继承接口中的全部成员：

```
class CleanVehicle extends BigTrucks implements CleaningEquipment {
    …
}
```

3.3.4　包

大型软件开发时可能会有很多人参与，如果代码较繁杂，参加编写的人员写出很多 Java 类，很可能由于类的命名和引用问题引发冲突。Java 引入了包的机制，提供了类的多重命名空间，同时负责类名空间管理。所谓“包”就是一个设定的命名集合，它是 Java 提供的组织类和接口的一种有效工具，定义的类都加入某一个包中，并作为包的一部分存在，Java 类中的成员变量和成员方法都在类中定义，使用包机制使得每个 Java 的变量和方法都可以用全限定的名字来表示，包括包名、类名和成员（方法和变量）名，各部分间用点号分隔即可。

简单地说，如果两个不同的程序员编制的代码在命名上有重复，又被放在了同一个命名空间内，必然会引发冲突。但包机制的引入将这些同名的标识符放在了不同的命名空间内，这样在使用时就可以很方便地区分了，不会再引起冲突。

在考虑把设计好的 Java 类和接口放入一个或多个包时，尽量把那些用途相同、功能相近、关系比较密切的类和接口放在同一个包中，这样在使用时会非常方便。实际上，Java 中的所有包都是这样定义的。

1. 包的创建

创建一个包非常简单，在 Java 源文件的最开始包含一条 package 语句即可。

其语法格式如下：

```
package 包名;
```

其中,package 语句定义了一个类存放的命名空间,所有使用相同包名称的类都被归在同一个包中。如果没有 package 语句,类的名字被放进了一个默认的包中,该包没有名字,这就是在前面编写程序时不用考虑包的原因,但在实际编程中建议尽量使用包。

为了更好地使用包中的类,可以创建不同层次的包,这通常是由不同包的功能分类决定的。采用下面的形式可以创建一个包的层次结构:

```
package p1[.p2[.p3]];
```

其中,p1、p2 等代表不同的包的层次。各层间用. 隔开,反映在文件系统中就是最终的文件保存在 p1 目录的 p2 子目录的 p3 分目录中。

例如:

```
package java.awt.image;
```

这表示将所定义的类存在目录 java\awt\image 中。

2. 包的使用

定义好的包可以通过 import 语句来引用。在 Java 源文件中,import 语句需要放在 package 语句之后,但在其他任何类定义之前。

```
import package1[.package2].(classname|*);
```

当需要在同一个包中引入多个类时,可以不针对每个类写一条 import 语句,而只写一条 import 语句,将 * 替换成具体的类名,这里 * 是一个通配符,表示引入包中的所有类。如果需要从多个包中引入多个类,可以使用多条 import 语句逐一引入。

比如下面是引入 Java 的 I/O 包中内容的例子:

```
import java.io.*;
```

需要注意的是,使用星号可能会增加编译的时间,特别是在引入一个大包时。因此,比较好的办法是显式地引入要用到的类或是子包,而不是整个包。

3. Java 的常用包

为了方便用户编写程序,Java 中提供了大量的类库供其使用,这些类按实现功能的不同划分并分别存放在不同的包中,了解类库的结构可以帮助程序员在编写程序时节省大量的时间,而且使编写的程序更简单、更实用。Java 中丰富的类库资源是 Java 语言的一大特色,也是 Java 程序设计的基础。

Java 类库中有 9 个基本包,分别是 java. lang、java. io、java. util、java. net、java. awt、java. awt. image、java. applet、java. text 和 java. beans。下面简单介绍各个包的功能。

(1) java. lang 包

java. lang 包是 Java 中最常用的包,它是 Java 程序默认加载的几个包中的一个。该包中的内容包括:布尔、字符、数字的封装类,Math 数学类,Number 类,Object 类等。其中,Object 类是 Java 语言中层次最高的类,它是所有类的超类,未定义父类的所有类都自动继承了 Object 类的特性。

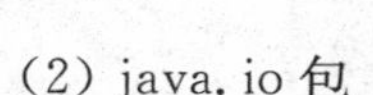

(2) java. io 包

java. io 包是处理输入和输出的包，操作对象可以是键盘、屏幕、打印机、磁盘文件或者是网络。其中重要的类有 inputstream 输入类、outputstream 输出类、ioexception 输入/输出异常类，此外，该包还定义了一些接口。

(3) java. util 包

java. util 包中包括许多具有特定功能的类，所处理的对象有日期、向量、堆栈、集合和哈希表等。其中较重要的类有 Date 类、Stack 类、Timer 类、Random 类等。

(4) java. net 包

java. net 包用于支持基于 URL 和 Socket 的网络输入/输出应用，该包中定义的一些较重要的类如下：DatagramPacket 类、URL 类、Socket 类、ServerSocket 类等。

(5) java. awt 包

java. awt 包提供了用于创建图形用户界面元素的类。该包中包括字体、颜色、形状等基本绘图工具，还支持如按钮、列表框、菜单、标签等组件。

(6) java. awt. image 包

java. awt. image 包提供了管理图像数据的功能，可用于设定颜色模式、颜色过滤器、像素值等，常用于图像的高级处理。

(7) java. applet 包

java. applet 包是 Java 小程序的专用包，Java 小程序可以嵌入到 Web 页面中，并在主页中提供添加动画、声音、图片以及事件响应等功能。

(8) java. text 包

java. text 提供以与自然语言无关的方式来处理文本、日期、数字和消息的类和接口。

(9) java. beans 包

java. beans 包是 Java 应用程序环境的平台组件结构包，该包中定义了多种可大大丰富 Java 应用程序的 JavaBean 组件接口。

3.4 扩展实例

基础实例中的程序只提供了类和对象的创建方法，结合扩展知识中的派生、继承、重载和接口等内容，对基础实例中的程序进行修改和完善，在其中增加了继承、重载和接口的功能，这可以使用户更好地了解面向对象程序设计的特性。

扩展实例中定义了一个父类 Automobile，并定义了两个接口，分别是速度控制接口和清扫设备接口，其中在速度控制接口中给出了初始速度设置、加速、减速等方法，用于实现不同车辆的速度控制。

从父类中派生出小轿车和大货车以及越野车子类，并在 3 个子类中实现了速度控制接口，然后从卡车类中派生出清扫车类，并实现了清扫设备接口。

3.4.1 编写步骤

在 Eclipse 中新建一个项目 CarDisp2，并在其中增加类文件 CarDisp2. java，然后在其中输入以下语句：

```
1     public class CarDisp2 {
2
3         public static void main(String[] args) {
4             Car auto1=new Car();
5             BigTrucks auto2=new BigTrucks();
6             Suv auto3=new Suv();
7             CleanVehicle auto4=new CleanVehicle();
8
9             auto1.display1();
10            auto1.run();
11            auto1.display2("开车");
12            auto1.speedup();
13            auto1.display2("加速");
14            auto1.stop();
15            auto1.display2("停车");
…
43        }
44    }
45
46    interface CleaningEquipment {                              //清扫设备接口
47        public int CleanerNumber=2;
48
49        public void CleanBegin();
50        public void CleanStop();
51    }
52
53    interface SpeedControl {
54        public void initspeed();                               //设置初始速度
55        public void speedup();                                 //加速方法
56        public void speeddown();                               //减速方法
57    }
…
85    class Car extends Automobile implements SpeedControl {
86
87        public Car(){
88            super("轿车");
89            color="红色";
90            model="速腾";
91            horsepower="小";
92            manufacturer="一汽大众";
93        }
94
95        public void initspeed(){
96            speed=30;
97        }
98
99        public void speedup(){                                 //加速方法
```

```
100            speed=speed +30;
101        }
102
103        public void speeddown(){                              //减速方法
104            speed=(speed <30) ?0 : (speed-30);
105        }
106    }
 ...
158    class Automobile {
159        public String type;                                   //车辆类型
160        public String color;                                  //颜色
161        public String model;                                  //型号
162        public String horsepower;                             //马力
163        public String manufacturer;                           //生产厂家
164        public int speed;                                     //速度
165        public String direction;                              //方向
166
167        public Automobile(String t){
168            type=t;
169        }
 ...
204    }
```

3.4.2　运行结果

编写完成后，测试并运行程序，运行结果如图 3-3 所示。

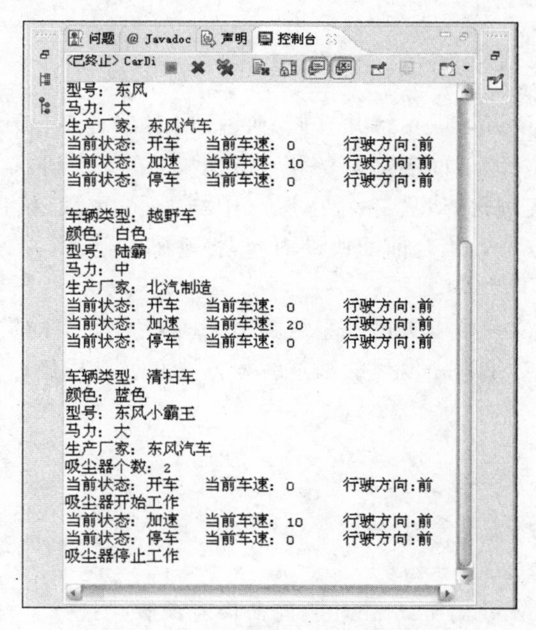

图 3-3　扩展实例的运行结果图

本章实训

1. 实训目的

(1) 掌握面向对象程序设计以数据为核心的设计思想。

(2) 创建和使用自己的类。

2. 实训内容

根据下面的步骤实现一个圆类 Circle。

3. 实训步骤

(1) 在 Eclipse 中新建项目、包和添加类文件。

(2) 在类文件中编写程序代码,创建一个 Circle 类,其成员变量为半径 radius,其方法成员有以下几个。

① 构造方法 Circle():将半径设置为 0。

② 构造方法 Circle(double r):创建 circle 对象时将半径初始化为 r。

③ double getradius():获得圆的半径值。

④ double getperimeter():获得圆的周长。

⑤ double getarea():获得圆的面积。

⑥ void disp():将圆的半径、周长、面积输出到屏幕。

(3) 保存类为 Circle.java 到文件夹中。

(4) 编写完成后,在 Eclipse 中调试并测试程序。

本章小结

通过本章的学习,读者可以了解并掌握有关面向对象程序设计的基本概念。本章以基础实例为引导,首先介绍了面向对象的程序设计方法,重点讲解了 Java 类的建立与声明的方法以及对象的实例化,然后介绍了 Java 中的继承、重载、接口以及包,着重讲解了继承以及接口的实现方法。结合前面所讲内容,将基础实例进行扩展,完成了一个较复杂的车辆信息显示程序。

通过实例的学习,读者可以更进一步了解 Java 程序设计中的类、对象以及继承、接口等基本概念,掌握面向对象程序设计的基本编程方法和设计思想。

课外阅读

1. OOP——面向对象程序设计

(1) 关于 OOP

OOP(Object Oriented Programming)即面向对象程序设计。所谓"对象"就是一个或一组数据以及处理这些数据的方法和过程的集合。面向对象程序设计完全不同于传统的面向过程程序设计,它大大地降低了软件开发的难度,使编程就像搭积木一样简单,是当

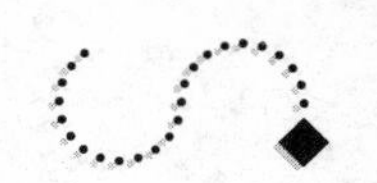

今计算机编程的一股势不可挡的潮流。

OOP的一条基本原则是计算机程序是由单个能够起到子程序作用的单元或对象组合而成的。OOP达到了软件工程的3个主要目标：重用性、灵活性和扩展性。为了实现整体运算，每个对象都能够接收信息、处理数据和向其他对象发送信息。

(2) OOP技术的历史

面向对象技术最初是从面向对象的程序设计开始的，它的出现以20世纪60年代的simula语言为标志。20世纪80年代中后期，面向对象程序设计逐渐成熟，被计算机界理解和接受，人们又开始进一步考虑面向对象的开发问题。这就是20世纪90年代Microsoft Visual系列OOP软件流行的背景。

传统的结构化分析与设计开发方法是一个线性过程，因此，传统的结构化分析与设计方法要求现实系统的业务管理规范，处理数据齐全，用户能全面完整地描述其业务需求。

传统的软件结构和设计方法难以适应软件生产自动化的要求，因为它以过程为中心进行功能组合，软件的扩充和复用能力很差。

对象是对现实世界实体的模拟，因而使需求变得更容易理解，即使用户和分析者之间具有不同的教育背景和工作特点，也可以很好地沟通。

区别面向对象的开发和传统过程的开发的要素有：对象识别和抽象、封装、多态性和继承。

对象(Object)是一个现实实体的抽象，由现实实体的过程或信息性来定义。一个对象可被认为是一个把数据(属性)和程序(方法)封装在一起的实体，这个程序产生该对象的动作或对它接收到的外界信号的反应。这些对象操作有时称为方法。对象是个动态的概念，其中的属性反映了对象当前的状态。

类用来描述具有相同的属性和方法的对象的集合。它定义了该集合中每个对象所共有的属性和方法。对象是类的实例。

由上述分析不难看出，尽管OOP技术更看中用户的对象模型，但都是以编程为目的的，而不是以用户的信息为中心的，总想把用户的信息纳入到某个用户不感兴趣的“程序对象”中。

(3) OOP的应用

OOP最有前途的应用领域如下。

① 实时系统。

② 仿真和建模。

③ 面向对象数据库。

④ 超文本、超媒体和扩展文本。

⑤ 人工智能和专家系统。

⑥ 神经网络和并行程序设计。

⑦ 决策支持和办公自动化系统。

⑧ CIM/CAM/CAD系统。

2. Robocode

Robocode 是 2001 年 7 月在美国 IBM 的 Web alphaWorks 上发布的坦克机器人战斗仿真引擎。与人们通常玩的游戏不同的是：参赛者必须通过对机器人进行编程，给机器人设计智能来指挥它，而不是由键盘、鼠标简单地直接控制。Robocode 是一种有趣的竞赛性编程，使用几行简单的代码，就能够创建一个智能的机器人，一个真正的在屏幕上与其他机器人互相对抗的机器人。它能够在屏幕上四处疾驰，碾碎一切挡道的东西。机器人配有雷达与火炮，选手在躲避对手进攻的同时攻击对手，以此来较量得分的多少。Robocode 可以让人们在娱乐的同时学习 Java 语言与提高 Java 技术水平。

Robocode 是由 IBM 的 Alphaworks 项目成员 Matthew Nelson 编写的。从第一个版本开始，Matthew 已对该软件的 API 做了相当多的改进，该软件为机器人的编程提供了一套完美的框架。用于创建机器人的基类称为 Robot。机器人都继承自这个类。Robot 类提供了所有与游戏进行交互所需的方法函数。

机器人基本上是一些小型的坦克。这些坦克可以旋转，向前或向后移动。它们的顶部有一个用于射击的火炮。在火炮上面还有一个雷达系统，用于侦测其他机器人。机器人的底盘、火炮和雷达系统都可以独立运动，也可以相互"锁定"，一起移动。换句话说，如果将雷达向下锁定，那么它将随火炮一起移动；如果火炮向下锁定，它将随机器人的底盘一起移动。

下面是一些在编写机器人程序之初用得最多的方法函数。

① ahead()，back()——向前和向后移动；

② fire()——开火；

③ setAdjustGunForRobotTurn()——控制火炮是否向下锁定；

④ setAdjustRadarForGunTurn()——控制雷达是否向下锁定；

⑤ turnRight()，turnLeft()——实现机器人的旋转；

⑥ turnGunRight()，turnGunLeft()——旋转火炮；

⑦ turnRadarLeft()，turnRadarRight()——旋转雷达反射镜。

注：上述两篇课外阅读文章摘编自百度百科。

课后作业

1. 创建一个 Eggs 类。给它的 main()方法中的一个名为 numbersOfEggs 的整型变量赋值。创建一个方法接收 numbersOfEggs。方法按打显示鸡蛋数量。例如，50 个鸡蛋是 4 打余 2。把程序以 Eggs. java 文件名保存到文件夹中。

2. 定义"animal(动物)"类，其子类为"dog(狗)"和"cow(牛)"，并相应地设置其属性 name 及方法 speak。

第4章

计算器

引言

本章将介绍Java图形用户界面(Graphic User Interface,GUI)和事件处理的基础知识,包括图形用户界面中AWT和Swing两个类库中常用的容器和组件等;各类常用的事件处理机制。同时还将介绍异常处理机制在Java语言中的应用,并综合运用上述内容完成计算器的实例。

4.1 基础实例

本实例是一个简易计算器,功能是对数字进行加(+)、减(-)、乘(*)、除(/)简单算术计算。

4.1.1 编写步骤

在Eclipse中建立一个项目,名称为Calculator,在项目中建立一个类文件,名称与项目名相同,在类文件中输入相应的程序代码。

```
    …
7   public class Calculator extends WindowAdapter implements ActionListener {
8      private JFrame cf;                                        //计算机窗口
9      private JPanel pbutton;
10     private JTextField tfAnswer;                              //计算器的显示文本框
11     private JButton b0,b1,b2,b3,b4,b5,b6,b7,b8,b9;            //数字0~9的按钮
12     private JButton bPoint,bEqual,bPlus,bMinus,bClear,bMulti,bDivision;
13              //定义其他的按钮:小数点、加、减、乘、除
14     private String OperatorCurrent,OperatorPre;
                                               //表示当前运算符号和上一次运算符号
15      private String ForeScreen,BackScreen; //当前显示字符,上一次显示字符
16      private boolean isFloat=false;        //判断是否为浮点数
17      private JLabel lb1,lb2;               //用于窗口左右两边的位置显示
18
```

```
19      Calculator() {
20          cf=new JFrame("计算器");
21          Container contentPane=cf.getContentPane();
22          contentPane.setLayout(new BorderLayout(5,5));
23          cf.setLayout(new BorderLayout(5,5));
24
25          pbutton=new JPanel();
26          pbutton.setLayout(new GridLayout(4,4,5,3));
30
31          lb1=new JLabel(" ");
32          lb2=new JLabel(" ");
33          tfAnswer=new JTextField("0");
34          tfAnswer.setPreferredSize(new Dimension (180,30));
35          tfAnswer.setHorizontalAlignment(JTextField.RIGHT);
36          tfAnswer.setEnabled(false);
37          Font f=new Font("Arial",Font.BOLD,14);
38          tfAnswer.setFont(f);
40          tfAnswer.setForeground(Color.BLACK);
43          b0=new JButton(" 0 ");
    …
52          b9=new JButton(" 9 ");
53
54          b0.addActionListener(this);
55          b1.addActionListener(this);
    …
63          b9.addActionListener(this);
66          OperatorCurrent=new String("");
67          OperatorPre=new String("");
68          ForeScreen=new String("");
69          BackScreen=new String("");
71          bClear=new JButton(" C ");
72          bDivision=new JButton(" / ");
73          bMulti=new JButton(" * ");
74          bMinus=new JButton("-");
75          bPlus=new JButton(" +");
76          bPoint=new JButton(" . ");
77          bEqual=new JButton("=");
79          bClear.addActionListener(this);
    …
84          bPoint.addActionListener(this);
85          bEqual.addActionListener(this);
87          pbutton.add(b7);
    …
109         cf.add(tfAnswer,"North");
110         cf.add(pbutton,"Center");
111         cf.add(bEqual,"South");
112         cf.add(lb1,"East");
113         cf.add(lb2,"West");
115         cf.addWindowListener(this);
```

```
116         cf.setSize(240,300);
118         cf.setVisible(true);
120     }
122     public static void main(String args[])
123     {
124         Calculator c1=new Calculator();
125     }
128     public void actionPerformed(ActionEvent e)
129     {
130         String s=new String("");
131         if(e.getSource() instanceof JButton)
132     {
133     //如果单击的是数字按钮或者是小数点按钮
134     if((e.getSource()==b0)||(e.getSource()==b1)||(e.getSource()==b2)||
135         (e.getSource()==b3)||(e.getSource()==b4)||(e.getSource()==b5)||
136         (e.getSource()==b6)||(e.getSource()==b7)||(e.getSource()==b8)||
137         (e.getSource()==b9)||(e.getSource()==bPoint))
138     {
139         //如果单击的数字按钮
140         if(e.getSource() !=bPoint)
141         {
142             s=e.getActionCommand().trim();
144             doForeScreen(s);                    //在显示文本框中显示相应的数字
145         }
146         //如果单击的是小数点按钮,并且不是小数
147         if((e.getSource()==bPoint)&&(!isFloat))
148         {
149             isFloat=true;
150             s=e.getActionCommand().trim();
151             //如果显示文本框为空
152             if(ForeScreen.equals(""))
153             {
154                 ForeScreen +="0.";              //添加"0"
156             }
157             //否则显示小数点
158             else
159             {
161                 doForeScreen(s);
162             }
163         }
164     }
166     //单击清空按钮
167     if(e.getSource()==bClear)
168     {
169         doClear();                              //清空
170     }
172     if((e.getSource()==bMulti)||(e.getSource()==bDivision)||
173         (e.getSource()==bPlus)||(e.getSource()==bMinus))
174     {
```

```
175        if(ForeScreen !="")
176        {
177            OperatorCurrent=e.getActionCommand().trim();  //保存当前运算符
178            doOperator();                                //计算结果
180        }
181        else
182        {
183            OperatorPre=e.getActionCommand().trim();
184        }
185     }
187     if(e.getSource()==bEqual)
188     {
189        doOperator();
190     }
191   }
192  }
194  //计算结果函数
195  public void doOperator()
196  {
197     double dFore,dBack;                               //保存当前数值和前一次的数值
198     Double d;
200     if(OperatorPre.equals(""))
201     {
202        BackScreen=ForeScreen;
203        ForeScreen="";
204        tfAnswer.setText(BackScreen);
206     }
207     else
208     {
209        dFore=(new Double(ForeScreen)).doubleValue();
210        dBack=(new Double(BackScreen)).doubleValue();
211        ForeScreen="";
212        BackScreen=tfAnswer.getText();
214        if(OperatorPre.equals("+"))
215        {
216            d=new Double((dBack +dFore));
217            tfAnswer.setText(d.toString());
218            BackScreen=d.toString();
220        }
…
242     }
243     OperatorPre=OperatorCurrent;
245   }
246      public void doForeScreen(String s)
247   {
248      ForeScreen +=s;
249      tfAnswer.setText(ForeScreen);
251   }
253   //后屏处理函数
```

```
254     public void doBackScreen(String s)
255     {
256         BackScreen=ForeScreen;                  //将当前的数值保存在 BackScreen 中
257         ForeScreen="";                          //清空
258         tfAnswer.setText(ForeScreen);           //显示数值
260     }
262     public void doClear()
263     {
264         OperatorCurrent="";
265         OperatorPre="";
266         ForeScreen="0";
267         BackScreen="";
268         isFloat=false;
269         tfAnswer.setText(ForeScreen);
271     }
272     public void windowClosing(WindowEvent e)
273     {
274         System.exit(0);
275     }
277 }
```

4.1.2　运行结果

编写完成后，可以测试程序的运行结果。计算器的界面如图 4-1 所示。

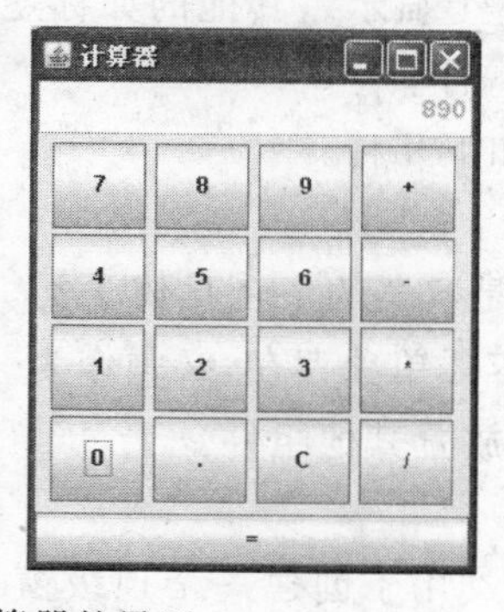

图 4-1　计算器的界面

首先通过单击按钮选择数值 1，单击运算符号选择做什么运算，再选择数值 2，最后单击等号按钮，得出数值 1 和数值 2 运算后的结果。

本程序的主要功能如下。

(1) 单击数字按钮，上方文本区会显示出对应的数字内容。单击 C 按钮可以清空恢复 0 显示。

(2) 当单击对应的运算符号时，如果是第一次计算，则会等待用户选择第二个数值，如果已经计算过，则把前面的结果显示出来后，把结果作为第一个数值再进行计算。

(3) 当单击等号按钮时，对前面选择的数值和运算符进行运算得出结果。可以把结果继续用于计算，也可以再单击其他数值进行下一次的运算。

4.2 基础知识(一)——界面设计与布局管理器

图形用户界面是程序提供给用户操作的图形界面，包括窗口、菜单、按钮、文本区、复选框和其他各种屏幕元素。Java 中提供的 AWT 和 Swing 两个类库为 GUI 设计提供了丰富的功能。

AWT 是早期版本，Swing 是改进版本，具有 AWT 的所有组件，还提供了更加丰富的组件和功能，图形用户界面的各种组件类都位于这两个包中。

在 Java 中，构成图形用户界面的事件和各界面元素和成分主要包括组件、容器和控制组件等。

4.2.1 容器

组件(Component)又称为构件，是构成图形用户界面的个元素。组件分为容器(Countainer)和非容器类组件两大类，容器是一类特殊的组件，它可以容纳其他组件，如窗口、对话框等。容器类是 java. awt. Container 的直接或间接子类，它新增了一个可以将其他组件对象嵌入到容器中的方法，其他容器对象被存储在容器内部，构成多级包含系统，可以统一布局。

可以这样理解，在构建一个图形用户界面时，首先要有容器，之后其他组件被分别放置在容器的不同位置上显示。其他的如标签(Label)、按钮(Button)可称为控制组件，是图形用户界面中最小的单位。

常见的容器有如下几种。

1. 面板

面板(Panel)类是容器的一个具体子类。它是一个无标题栏、菜单栏或边框的窗口。不能作为最外层的容器单独存在，必须作为一个组件放置到其他容器中。可以理解为一个透明的区域，可以放置其他组件。

2. 窗口

窗口(Window)类用于创建一个顶级窗口。顶级窗口不包含在任何其他对象中，它位于桌面上。一般不直接使用它创建窗口对象。

3. 框架

框架(Frame)是窗口的子类，有标题栏、菜单栏、边框和控制按钮。一般在 AWT 中用来创建一个实际的窗口对象。

在图形用户界面设计中，首先创建的就是容器，其次要把其他的组件放置到对应的容器中。下面将分别具体介绍如何使用 AWT 和 Swing 两个类库来创建一个图形用户界面。

4.2.2 AWT 常用组件

AWT(Abstract Window Toolkit，抽象窗口工具集)是 Java 中的几个核心包之一，该包中包括字体(Font)、颜色(Color)、几何绘图(Graphics)等类;还包括许多与 Java 早期窗口组件设计相关的类:标签、按钮、文本输入(TextArea 和 TextField)、窗口(Window)、菜单(Menu)、面板(Panel)和对话框(Dialog)等;该包中也包括设置容器中各个组件如何布局的类(Layout),如图 4-2 所示。

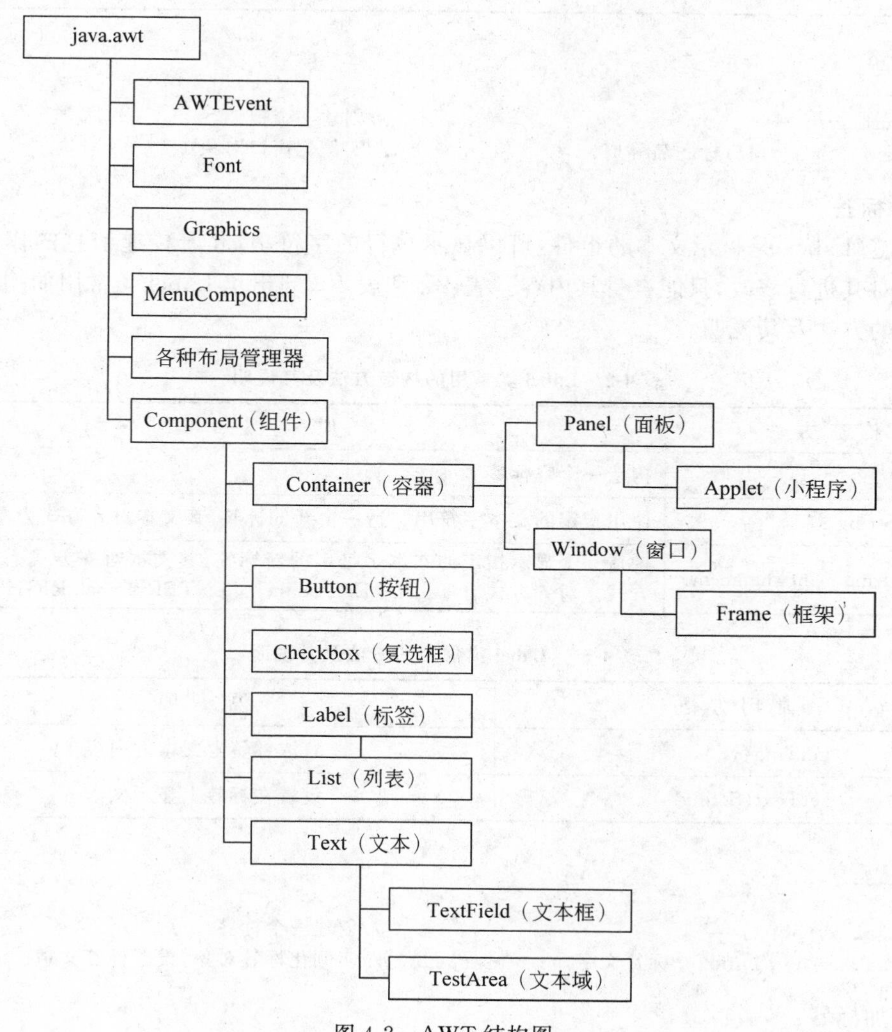

图 4-2 AWT 结构图

如果程序中用到了该包中的类,需要在源程序前面通过 import 语句引入对应的类库,具体代码如下:

```
import java.awt.*;
```

1. 框架

可以用框架(Frame)创建一个 Windows 窗口,用于存放其他的组件,通过 add()方法向容器中添加。表 4-1 列出了 Frame 类常用的构造方法及其说明。

表 4-1 Frame 类常用的构造方法及其说明

构造方法	说　　明
Frame()	构造一个最初不可见的 Frame 新实例
Frame(String s)	构造一个新的、最初不可见的、具有指定标题的 Frame 对象

代码：

```
Frame f;                                    //创建一个框架
f=ew Frame("窗口标题名称");                  //实例化窗口对象 f
```

2. 标签

标签(Label)是显示文本的组件，可以显示单行的字符串，起着传递消息的作用。用户不能对其进行修改，只能查看其内容。表 4-2 和表 4-3 列出了 Label 类常用的构造方法和常用的方法及其说明。

表 4-2 Label 类常用的构造方法及其说明

构造方法	说　　明
Label()	构造一个空标签
Label(String s)	使用指定的文本字符串构造一个新的标签，其文本对齐方式为左对齐
Label(String s,int alignment)	构造一个显示指定的文本字符串的新标签，其文本对齐方式为指定的方式。对齐方式有 Label. LEFT、Label. CENTER、Label. RIGHT

表 4-3 Label 类常用的方法及其说明

常用方法	说　　明
getText()	获取标签上文本的内容
setText(String s)	设置在标签上显示文本

代码：

```
Label myLabel;                              //创建一个标签
myLabel=new Label("标签文字");               //实例化标签对象，设置标签文字
```

添加标签：

```
f.add(myLabel);                             //把标签添加到容器 f 中
```

代码：

```
myLabel.getText();
myLabel.setText("标签新文字");               //设置标签上的新文本
```

3. 按钮

按钮(Button)是用来触发特定动作的组件。当用户单击按钮时，系统会自动执行与该按钮相关联的程序，从而完成预先定制的功能。表 4-4 和表 4-5 列出了 Button 类常用

的构造方法和常用的方法及其说明。

表 4-4 Button 类常用的构造方法及其说明

构造方法	说明
Button()	构造一个标签字符串为空的按钮
Button(String s)	构造一个带指定标签的按钮

表 4-5 Button 类常用的方法及其说明

常用方法	说明
getLabel()	获取按钮上文本的内容
setLabel(String s)	设置按钮上显示的文本

代码：

```
Button myButton;
myButton=new Button("按钮");                        //实例化按钮
```

添加标签

```
f.add(myButton);                                    //把按钮添加到容器 f 中
```

代码

```
myButton.getLabel();
myButton.setLabel("新按钮");                        //设置按钮上的文本
```

4. 文本框

文本框(TextField)用来接收用户通过键盘输入的单行文本信息。通过事件处理机制,程序可以使用这些文本或数据信息。表 4-6 列出了 TextField 类常用的构造方法及其说明。

表 4-6 TextField 类常用的构造方法及其说明

构造方法	说明
TextField()	构造新文本字段
TextField(String s)	构造具有指定列数的新空文本字段
TextField(int columns)	构造使用指定文本初始化的新文本字段
TextField(String s,int columns)	构造使用要显示的指定文本初始化的新文本字段,宽度足够容纳指定列数

代码：

```
TextField myTextField;
myTextField=new TextField ("显示的文本",10);
                        //实例化单行文本,并指定初始化文字和宽度为容纳 10 个字符
```

表 4-7 列出了 TextField 类常用的方法及其说明。

表 4-7　TextField 类常用的方法及其说明

常用方法	说　明
getText()	获取文本框内显示的文本的内容
setText(String s)	设置文本框内显示的文本
setEditable(boolean b)	设置文本框的可编辑性,若为 false 则不可编辑

代码:

```
myTextField.getText();
myTextField.setText("新文本内容");                    //设置文本框显示的文本
myTextField.setEditable(false);                      //设置文本框内容不能再编辑
```

5. 文本域

文本域(TextArea)用来接收用户通过键盘输入的多行文本信息。表 4-8 列出了 TextArea 类常用的构造方法及其说明。

表 4-8　TextArea 类常用的构造方法及其说明

构造方法	说　明
TextArea()	构造一个将空字符串作为文本的新文本区
TextArea(int rows, int columns)	构造一个新文本区,该文本区具有指定的行数和列数,并将空字符串作为文本
TextArea(String s)	构造具有指定文本的新文本区
TextArea(String s,int rows, int columns)	构造一个新文本区,该文本区具有指定的文本,以及指定的行数和列数
TextArea(String s,int rows, int columns,int scrollbars)	构造一个新文本区,该文本区具有指定的文本,以及指定的行数、列数和滚动条可见性

代码:

```
TextArea my TextArea;
my TextArea=new TextArea ("显示的文本",10,3);
                    //实例化多行文本区,并指定初始化文本和该文本区的行数和列数
```

其常用方法和上面的文本框(Text Field)类似。表 4-9 列出了 TextArea 类常用的方法及其说明。

表 4-9　TextArea 类常用的方法及其说明

常用方法	说　明
getText()	获取文本框内显示的文本的内容
setText(String s)	设置文本框内显示的文本
setEditable(boolean b)	设置文本框的可编辑性,若为 false 则不可编辑

6. 复选框

复选框(CheckBox)可以让用户进行多项选择。复选框有两种状态，分别为“开”和“关”。当用户选中复选框时，复选框的状态就会改变。表 4-10 列出了 CheckBox 类常用的构造方法及其说明。

表 4-10 CheckBox 类常用的构造方法及其说明

构造方法	说明
CheckBox()	创建无标签的复选框
CheckBox(String s)	创建标签内容为 s 的复选框
CheckBox (String s,Boolean b)	创建标签内容为 s 的复选框，同时指定复选框的状态

代码：

```
Checkbox myCheckbox;
myCheckbox=new Checkbox("复选框");              //创建复选框,并指定复选框的标签内容
```

7. 单选按钮组

单选按钮是在复选框的基础上创建的。单选按钮的选择是互斥的，当用户选中了单选按钮组(CheckboxGroup)中的一个单选按钮后，其他按钮自动处于未选中状态。表 4-11 列出了 CheckboxGroup 类常用的构造方法及其说明。

表 4-11 CheckboxGroup 类常用的构造方法及其说明

构造方法	说明
CheckboxGroup(String s,CheckboxGroup myCbG,Boolean b);	创建单选按钮组

代码：

```
CheckboxGroup myCheckboxGroup=new CheckboxGroup();          //创建一个单选按钮组
Checkbox myCheckbox1=new Checkbox("单选 1",myCheckboxGroup,true);
//创建一个复选框 1,并把其加入到上面创建的单选按钮组中,设置默认为选中状态
Checkbox myCheckbox2=new Checkbox("单选 2",myCheckboxGroup,false);
//创建一个复选框 2,将其加入单选按钮组中,设置默认状态为未选中状态
```

最后将组件放置到容器中时，只添加复选框即可：

```
f.add(myCheckbox1);                         //向 f 中添加复选框对象,而不是单选按钮组
f.add(myCheckbox2);
```

8. 下拉列表

下拉列表的选项框(Choice)每次只能显示一个选项。如果希望查看或选择其他的选项，需单击下拉列表右边的下箭头，并从选项框中选择一个选项。表 4-12 和表 4-13 列出了 Choice 类常用的构造方法和常用的方法及其说明。

表 4-12 Choice 类常用的构造方法及其说明

构造方法	说明
Choice()	创建下拉列表

表 4-13 Choice 类常用的方法及其说明

常用方法	说明
select(String s)	选择指定选项的文本内容
getSelectItem( )	获取被选中选项的标签文本字符串
getItem(int x)	获取指定下标值的选项

代码：

```
Choice myChoice=new Choice();                //创建下拉列表
myChoice.addItem("下拉列表一");              //向下拉列表中添加列表项
myChoice.addItem("下拉列表二");
…
```

添加标签：

```
f.add(myChoice);                             //把下拉列表添加到容器 f 中
```

9. 列表框

列表框(List)可以使用户选择多个选项，列表框的所有选项都是可见的。当选项数目超过了列表框的可见区域时，在列表框的右侧出现一个滚动条，允许用户翻页寻找。表 4-14 和表 4-15 列出了 List 类常用的构造方法和常用的方法及其说明。

表 4-14 List 类常用的构造方法及其说明

构造方法	说明
List(int x, boolean b)	创建列表框，x 指定列表高度，b 指定是否可以在列表框中同时选中多个选项，取 true 允许多选，取 false 时为单选

表 4-15 List 类常用的方法及其说明

常用方法	说明
getSelectItem()	获取用户选中的选项文本
getSelectIndex()	获取被选中的选项的序号

代码：

```
List myList= new List(3,true);
myList.add("列表选项一");
myList.add("列表选项二");
```

添加标签：

```
f.add(myList);                               //把列表添加到容器 f 中
```

10. 菜单

完整的菜单系统由菜单条、菜单和菜单项组成，其对应的类分别是 MenuBar、Menu 和 MenuItem，一个菜单的组成如图 4-3 所示，表 4-16 列出了这 3 类构造时使用的方法及其说明。

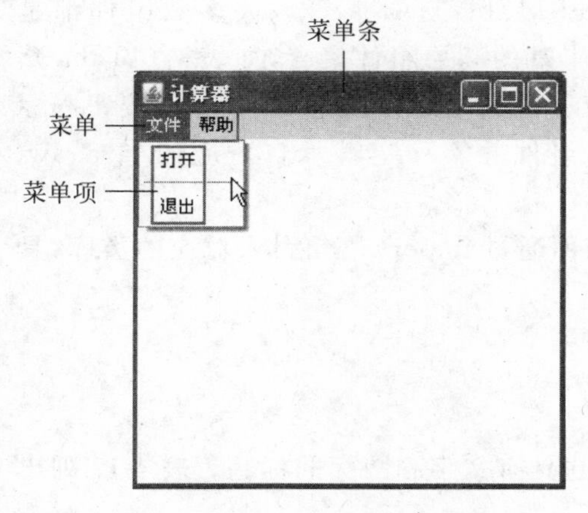

图 4-3 菜单的组成

表 4-16 Menu 类常用的构造方法及其说明

构 造 方 法	说 明
MenuBar()	构造菜单条
Menu(String s)	构造菜单
MenuItem(String s)	构造菜单项

代码：

```
MenuBar myM=new MenuBar();
MenuBar myFile=new Menu("文件");
MenuBar    myHelp=new Menu("帮助");
MenuItem myOpen=new MenuItem("打开");
MenuItem myExit=new MenuItem("退出");
MenuItem myVersion=new MenuItem("版本信息");
…
myFile.add(myOpen);
myFile.addSeparator();
myFile.add(myExit);
myHelp.add(myVersion);
myM.add(myFile);
myM.add(myHelp);
```

添加标签：

```
f.setMenuBar(myM);                    //把菜单添加到容器 f 中
```

4.2.3 Swing 常用组件

AWT 是 Java 早期的技术，其图形界面组件占用较多的资源，在不同的操作系统平台上外观也不完全一样，随着 Java 的发展，SUN 公司提供了 Swing 组件，Swing 组件占用的系统资源较少，视觉上比 AWT 组件美观，跨平台特性更好。所有 Swing 组件都包含在以 javax 开头的 Java 扩展包 javax. swing 包中。常把 java. awt 组件称为重量级组件，javax. swing 组件称为轻量级组件。

javax. swing 包中所提供的组件比 AWT 组件更多，并且大部分 AWT 组件（如 Frame、Applet、Label、Button、TextField、TextArea 等）都可以使用相应的 Swing 组件取代（如 JFrame、JApplet、JLabel、JButton、JTextField、JTextArea 等），大多数组件都是 AWT 组件名前面加一个 J，除此还增加了一个丰富的高层组件集合，如表格（JTable）、树（JTree）。而且 Swing 的替代构件中都包含有一些其他的特性，如 Swing 的按钮和标签可显示图标和文本。但大部分 javax. swing 组件并不一定继承自对应的 java. awt 组件。

程序中用到了该包中的类，需要在源程序前面通过 import 语句引入对应的类库，具体代码如下：

```
import java.swing.*;
```

1. 标签类

标签类（JLabel）用来显示提示文字，可以创建具有文字和图标的标签。表 4-17 列出了 JLabel 类常用的方法及其说明。

表 4-17　JLabel 类常用的方法及其说明

常用方法	说　明
setText(String s)	设置标签的文本
setText(Icon icon)	设置标签的图标

其中 javax. swing. Icon 是接口，通常使用实现了该接口的 javax. swing. IconImage 对象作为其参数，创建图标对象。标签上文本的位置可通过 javax. swing. SwingConstants 接口中的很多静态常量指定，例如，对于具有文字和图标的标签 textAreaLabel，可以使用下面的方法设置文字在标签的中间和底部：

```
textAreaLabel.setHorizontalTextPosition( SwingConstants.CENTER );
textAreaLabel.setVerticalTextPosition( SwingConstants.BOTTOM );
```

2. 文本输入框

文本输入框（JTextField）用来接收用户输入的文本，在文本框中按回车键，可以响应动作事件，其处理方式类似于按钮的动作事件处理。表 4-18 列出了 JTextField 类常用的方法及其说明。

表 4-18　JTextField 类常用的方法及其说明

常用方法	说　明
getText()	获取文本框的文本内容

3. 密码输入框

密码输入框（JPasswordField）用来接收用户输入的密码，它是文本输入框的子类。

表 4-19 列出了 JPasswordField 类常用的方法及其说明。

表 4-19 JPasswordField 类常用的方法及其说明

常用方法	说　明
getPassword()	获取用户在密码框中输入的内容,方法的返回值是字符数组

4. 文本区类

文本区类(JTextArea)用来创建可输入多行文本的文本区,可以指定文本区的行数和列数。表 4-20 列出了 JTextArea 类常用的方法及其说明。

表 4-20 JTextArea 类常用的方法及其说明

常用方法	说　明
setLineWrap(true)	设置文本自动换行

使用 javax. swing. JScrollPane 类可给文本区增加滚动条,滚动条是根据文本的内容自动出现的。

```
f.add(new JScrollPane(textArea));     //其中 f 为面板,textArea 是一个文本区
```

5. 按钮类

按钮类(JButton)用来创建按钮,在按钮上可以设置图标,也可以通过 setIcon(Icon icon)方法设置按钮图标。JButton 类常用的方法及其说明如表 4-21 所示。

表 4-21 JButton 类常用的方法及其说明

常 用 方 法	说　明
setIcon(Icon icon)	设置按钮图标
setRolloverEnabled(true)	设置按钮在鼠标滑过时图标的变化
setPressedIcon(Icon icon)	设置鼠标压下按钮时按钮上的图标
setMnemonic(int key)	设置按钮的键盘快捷键(不区分大小写)

快捷键为 A 键(按 Alt+A 键),其参数可通过键盘事件类 java. awt. event. KeyEvent 中的各常量值设定。代码为:

```
myJbutton.setMnemonic(KeyEvent.VK_A);
```

6. 单选按钮和多选按钮

使用单选按钮类(javax. swing. JRadioButton)的构造方法 JRadioButton(String s)可创建单选按钮,每个单选按钮都必须使用 add()方法添加到按钮组类(javax. swing. ButtonGroup)对象中才能成为单选的。

使用多选按钮类(javax. swing. JCheckBox)的构造方法 JCheckBox (String s)可创建

多选按钮。

单选和多选按钮还可以具有图标、设置提示文字等,具体使用方法可参考 Java API 文档。

7. 列表

使用列表类(javax. swing. JList)的构造方法 JList(String str[])可创建列表,字符串数组 str 的各元素是列表中的各项。使用该类的 setVisibleRowCount(int k)可设置列表显示几个选项,如果选项多于设置的显示值,将自动出现滚动条。

调用 setSelectionMode(ListSelectionModel. SINGLE_SELECTION)可设置列表为单选(一次只能选中列表中的一个选项)。

用鼠标(或键盘的上下箭头键移动)选中列表中的一个选项将引发列表选择事件(javax. swing. event. ListSelectionEvent),使用方法 addListSelectionListener()对列表选择事件增加监听后,通过列表选择监听接口(javax. swing. event. ListSelectionListener)中的方法来具体处理列表选择事件。

使用列表类的方法 getSelectedIndex()可得到所选择的选项的索引值(第 1 个选项的索引值为 0)。

8. 下拉列表

使用下拉列表类(javax. swing. JComboBox)的构造方法 JComboBox (String str[])可创建列表,字符串数组 str 的各元素是下拉列表中的各项。通过 addItemListener()方法对下拉列表增加监听。

与单选按钮和多选按钮类似,用鼠标选中下拉列表中的一个选项将引发选项事件(ItemEvent),通过选项监听接口(ItemListener)中的方法处理下拉列表的选项事件:

```
public void itemStateChanged(ItemEvent event)
```

使用下拉列表类的方法 getSelectedIndex()可得到所选择的选项的索引值。

9. 对话框

对话框(javax. swing. JDialog) 是 java. awt. Dialog 类的子类,而不是由 javax. swing 包中的 JComponent 类派生而来的,它也是一种底层容器,但对话框不能作为独立的窗口容器使用,必须依附于某个父组件(父窗口),当关闭父窗口时,也关闭了对话框。

可以向对话框中添加其他组件,添加方式与 JFrame 和 JApplet 一样。关闭对话框或调用 dispose()方法可释放其所占用的系统资源。

对话框类有两种:第一种是模态对话框,在用户处理完该对话框之前,不允许用户和应用程序的其他窗口进行交互;第二种是非模态对话框,在用户处理完该对话框之前允许用户和应用程序的其他窗口交互。

JDialog 类常用的方法及其说明如表 4-22 所示。

表 4-22 JDialog 类常用的方法及其说明

构造方法	说明
JDialog(Frame owner, String title, boolean modal)	第 1 个参数指明对话框所依附的窗口,第 2 个参数设置对话框的标题,第 3 个参数指明对话框是模态的(true)还是非模态的(false)

使用Swing的基本规则：与AWT组件不同，Swing组件不能直接添加到顶层容器中，而是必须添加到一个与Swing顶层容器相关联的内容面板上(ContentPane)。

下面用一个案例来演示Swing组件的使用方式。

第一步，创建窗口。用javax.swing包中的JFrame类或其子类创建的一个对象就是一个窗口。

(1) public JFrame()

创建一个没有窗口名称的窗口。

(2) public JFrame(String title)

创建一个名称为title的窗口。

第二步，设置窗口的一些方法。

(1) public void setSize(int width,int height)

设置窗口的宽为width，高为height，单位是像素。

(2) public void setVisible(boolean b)

设置窗口是否可见，一个窗口默认是不可见的，逻辑值b为true时，窗口可见。

(3) public void setTitle(String title)

设置窗口的标题名为title。

(4) public void setIconImage(Image image)

设置窗口的图标为image。

(5) public void setBounds(int x,int y,int width,int height)

设置窗口在屏幕上的显示位置和宽、高。参数x和y是窗口左上角在屏幕上点的坐标，参数width和height是窗口的宽和高。

第三步，JFrame是底层框架容器，但并不能直接将组件加入到容器中，必须获取窗口内容面板、添加组件或设置内容面板的布局。

(1) public Container getContentPane()

获取JFrame的内容面板(Content Pane)，该方法将返回容器类java.awt.Container对象，其他组件可添加到该内容面板中。

(2) public void add(Component comp,Object constraints)

向内容面板中添加组件，第1个参数comp为要添加的组件，第2个参数为所添加的位置。JFrame默认的布局方式是边框布局(java.awt.BorderLayout)，即东、南、西、北、中的布局，用下面的5个静态字符串常量指明这5个区域：BorderLayout.EAST(东)、BorderLayout.SOUTH(南)、BorderLayout.WEST(西)BorderLayout.NORTH(北)、BorderLayout.CENTER(中)。

(3) public void setLayout(LayoutManager manager)

设置内容面板的布局，参数manager为各种布局对象，可取new BorderLayout()等布局对象。

4.2.4 布局管理

为了使图形用户界面具有良好的平台无关性，Java语言提供了布局管理器这个工具来管理组件在容器中的布局，而不直接设置组件的位置和大小。

每个容器都有一类布局管理器，当容器对某个组件进行定位或判断时，就会调用其对应的布局管理器。Java 语言中常见的布局管理器有 5 种。

1. FlowLayout 布局

通过 java. awt. FlowLayout 类指定容器的布局为流式布局，即各个组件从左到右、从上到下，依据容器的大小逐行在容器中顺序摆放。该布局是 JPanel 类的默认布局方式，布局样式如图 4-4 所示。

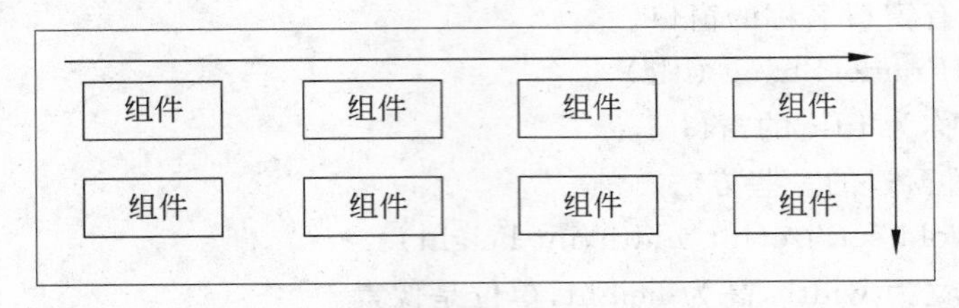

图 4-4　流式布局

(1) 创建 FlowLayout 布局。

① public FlowLayout()：以默认的居中方式放置组件。

② public FlowLayout (int alignment)：aignment 指定流式布局中各组件的对齐方式，取值为该类的以下 3 个静态常量：FlowLayout. RIGHT（右对齐）、FlowLayout. CENTER（居中对齐）和 FlowLayout. LEFT（左对齐）。

③ public FlowLayout (int alignment, int horizontalgap; int verticalgap)：参数 alignment 含义同上，参数 horizontalgap 表示各个组件左右间隔的距离，单位是像素。参数 verticalgap 表示各个组件上下间隔的距离，单位是像素。

(2) 设置容器布局。

使用容器类设置布局的方法：

public void setLayout(LayoutManager mgr)：设置容器中新的布局。例如，setLayout(new FlowLayout(FlowLayout. RIGHT))设置容器的布局为流式布局，组件的对齐方式为右对齐。

(3) 向容器中添加组件。

通过 add(JComponent comp)方法可将组件依次添加到容器中。

2. BorderLayout 布局

BorderLayout 布局方式将组件按东、南、西、北、中 5 个方向放置在容器中，它是 JFrame、JApplet 和 JDialog 类的默认布局方式。BorderLayout 布局的样式如图 4-5 所示。

布局位置通过 BorderLayout 类的以下几个静态字符串常量指定：

```
public static final String EAST="East";
public static final String SOUTH="South";
public static final String WEST="West";
public static final String NORTH="North";
public static final String CENTER="Center";
```

北 (North)
西 (West)
中 (Center)
东 (East)
南 (South)

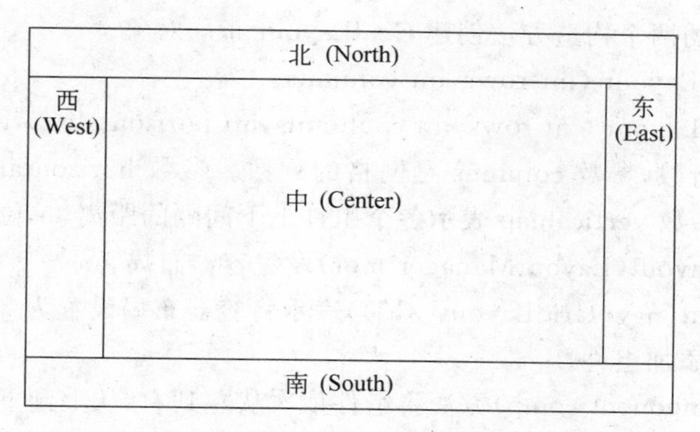

图 4-5 BorderLayout 布局

（1）使用以下构造方法创建 BorderLayout 布局。

① public BorderLayout()。

② public BorderLayout(int horizontalgap，int verticalgap)：参数 horizontalgap 表示各个组件水平间隔的距离，单位是像素。参数 verticalgap 表示各个组件上下间隔的距离，单位是像素。

（2）设置容器布局。

使用容器类设置布局的方法：

public void setLayout(LayoutManager mgr)：设置容器中新的布局。例如，setLayout(new BorderLayout())表示将布局设置为东、南、西、北、中的边框布局。

（3）向容器中添加组件。

通过方法 add(Component comp，Object constraints)将组件 comp 添加到参数 constraints 指定的位置：对于 BorderLayout 布局，参数 constraints 只能是前面讲过的表示方向的 5 个静态字符串常量，字符串类 String 是 Object 类的子类，能自动转换。

如果东、南、西、北方位的某个位置上没有放置组件，则该区域会被中间区域和相关的某个位置区域自动充满。

3. GridLayout 布局

GridLayout 布局称为网格布局，该布局方式是将各个组件放置在 $m \times n$ 的网格中，其中 m 表示网格行数，n 表示网格列数，网格大小相同。图 4-6 显示了一个 4×5 的 GridLayout 布局样式。

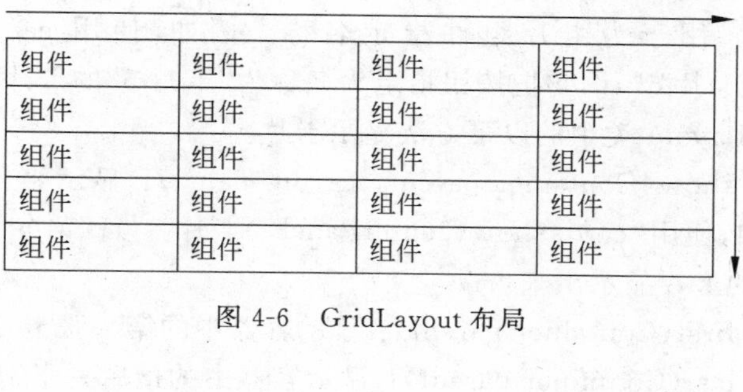

组件 组件 组件 组件
组件 组件 组件 组件
组件 组件 组件 组件
组件 组件 组件 组件
组件 组件 组件 组件

图 4-6 GridLayout 布局

(1) 使用下面的两个构造方法创建 GridLayout 布局对象。

① public GridLayout (int rows,int columns)。

② public GridLayout (int rows,int coulumns,int horizontalgap,int verticalgap)：参数 rows 是网格的行数,参数 columns 是网格的列数。参数 horizontalgap 表示各个组件水平间隔的距离,参数 verticalgap 表示各个组件上下间隔的距离,单位是像素。

(2) 使用 setLayout(LayoutManager mgr)设置容器布局。

例如,setLayout(new GridLayout(3,3))表示将容器布局设置为 3×3 的网格布局。

(3) 向容器中添加组件。

通过 add(JComponent comp)方法将组件依次从左到右、从上到下添加到网格中。

4. CardLayout 布局

CardLayout 布局管理是把容器的所有组件当成一叠卡片,卡片布局中只有一个组件,即一张卡片被显示出来,其余组件是不可见的,如图 4-7 所示。

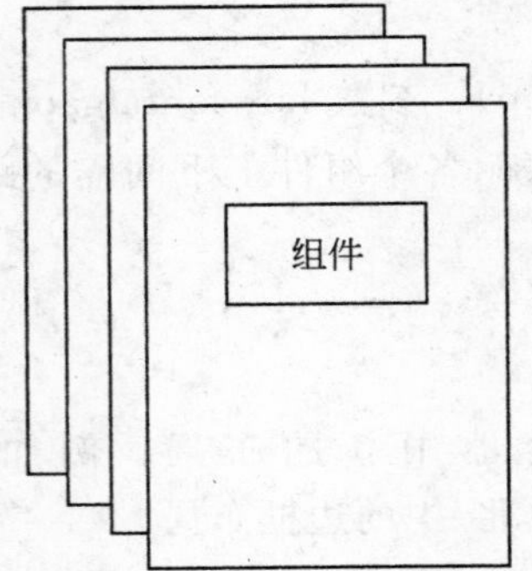

图 4-7 CardLayout 布局

(1) 使用下面的两个构造方法创建 CardLayout 布局对象。

① public CardLayout()。

② public CardLayout(int horizontalgap, int verticalgap)：参数 horizontalgap 表示卡片各边和容器边框的水平间隔,单位是像素;参数 verticalgap 表示卡片各边和容器边框的上下间隔,单位是像素。

(2) 设置容器布局。

可以使用容器类设置布局的方法 public void setLayout (LayoutManager mgr)来设置容器中新的布局。例如,使用下面的语句创建面板,并设置面板的布局为卡片布局：

```
JPanel centerPanel=new JPanel();
CardLayout card=new CardLayout(10,10);
centerPanel. setLayout(card);
```

(3) 使用容器类的以下方法向容器中添加组件。

① public void add(Component comp)：添加组件到容器中,先添加的卡片在前面。

② public void add(Component comp,Object constraints)：添加组件 comp 到容器中,参数 constraints 用于为卡片组件指定名称。例如,使用 centerPanel. add(new JButton("按钮"),"卡片 6")语句把按钮指定为名称为"卡片 6"的卡片。

(4) 使用 CardLayout 类中的以下方法显示卡片。

① public void show(Container parent, String name)：显示容器 parent 中名字为 name 的卡片。例如,使用"card. show(centerPanel,"卡片 6");"语句把面板 centerPanel 中名字为"卡片 6"的卡片显示出来。

② public void first(Container parent)：显示容器中的第一张卡片。

③ public void last(Container parent)：显示容器中的最后一张卡片。

④ public void next(Container parent)：显示容器中的下一张卡片。

容器中的卡片是有先后顺序的，先添加到容器中的卡片是第一张卡片，以此类推。

5. 自由布局

如果把容器的布局设置为 null 布局(空布局)，则通过所有组件都拥有的方法：

```
public void setBounds(int x,int y,int width,int height);
```

可设置组件在容器中的位置和大小。参数 x 和 y 用于指定组件左上角在容器中的坐标，参数 width 和 height 用于指定组件的宽和高，单位为像素。

4.3　基础知识(二)——事件处理

在 Java 程序设计中，事件的处理是非常重要的。如果没有时间处理机制，图形用户界面不能响应用户的任何操作，要让图形界面能够接受用户的操作，就必须给各个构架加上事件处理机制。

事件有以下 3 个重要概念。

(1) 事件：用户对组件的一个操作称为一个事件。例如，鼠标单击或键盘的操作。

(2) 事件源：发生事件的组件就是事件源。例如，不同的组件如按钮 Button、复选框 Checkbox 等。

(3) 事件处理器：负责处理事件的方法。例如，接受到按钮单击事件，并对这个事件进行处理。

Java 中的事件处理机制采用了事件监听的方法。当用户单击了图形用户界面中的一个按钮对象，该按钮就是事件源，必须对事件源进行监听，单击此按钮后，Java 运行时系统生成 ActionEvent 类的一个对象，该对象中描述了单击事件发生时的信息。程序将产生的事件对象交给与之关联的事件处理器，事件处理器就会启动并执行相关代码进行处理。

程序中有事件处理代码时，需要在源程序前面通过 import 语句引入对应的类库，具体代码如下：

```
import java.awt.event.*;
```

下面用一个代码实例来解释 Java 中的事件处理机制：

```
package com.zr;
import java.awt.*;
import java.awt.event.*;
public class MyEvent {
    Frame f;
    Button myBt;
     MyEvent()
    {
        f=new Frame("事件响应窗口");
        myBt=new Button("按钮");
```

```
        myBt.addActionListener(new ButtonProcess());
        /*对按钮 myBt 进行监听,一旦按钮有事件发生(例如单击按钮),监听器获得事件交给
          ButtonProcess 类进行事件的处理。其中,myBt 是事件源,addActionListener()
          是事件监听器,ButtonProcess 是处理事件的类。不同的事件名称不一样,采用的
          监听方式也不相同*/
        f.setLayout(new FlowLayout());                    /*设置 FlowLayout 布局*/
        f.add(myBt);                                       //把按钮添加到窗口中
        f.setSize(300,400);
        f.setVisible(true);
          }
    public static void main(String[] args) {
        new MyEvent();
    }}
//事件处理类
package com.zr;
import java.awt.event.ActionEvent;
import java.awt.event.ActionListener;                      //事件对应的接口
public class ButtonProcess implements ActionListener {
    public void actionPerformed(ActionEvent e) {
            System.out.println("你单击了按钮");
    }}
```

在上面的实例中,当单击按钮后,在命令行中就会输出"你单击了按钮"。事件源是按钮;事件是 ActionEvent 对象,也就是单击按钮;事件处理者就是 ButtonProcess 对象。

当事件发生后,Java 的运行系统会自动调用 ButtonProcess 对象的 actionPerformed(ActionEvent e)方法进行处理,而且事件 ActionEvent 对象将被作为参数传递给 actionPerformed(ActionEvent e)方法,该方法通过读取 ActionEvent 对象的相关信息得到事件发生时候的情况。

对于不同的事件,Java 采用不同的事件类和相应的接口进行处理,表 4-23 对相应的接口进行了总结。

表 4-23 事件类和相应的接口总结

类　　型	对 应 接 口
不同类型的事件	XXXEvent
不同类型的处理类对应的接口	XXXListener
注册不同的事件监听器	addXXXListener(XXXListener)

上面的事件处理代码还有另外一种写法:

```
package com.zr;
import java.awt.*;
import java.awt.event.*;
public class MyEvent implements ActionListener {
    Frame f;
    Button myBt;
```

```
    MyEvent()
    {
        f=new Frame("事件响应窗口");
        myBt=new Button("按钮");
        myBt.addActionListener(this);
        /* 对按钮 myBt 进行监听，一旦按钮有事件发生(例如单击按钮)，监听器获得事件交给
           本类的对象来处理，因此下面在 MyEvent 类中添加了对事件的处理方法 */
        f.setLayout(new FlowLayout());                  /* 设置 FlowLayout 布局 */
        f.add(myBt);                                    //把按钮添加到窗口中
        f.setSize(300,400);
        f.setVisible(true);
            }
    public static void main(String[] args) {
        new MyEvent();
    }
public void actionPerformed(ActionEvent e) {
        System.out.println("你单击了按钮");
    }}
```

4.3.1 事件类

java.util.EventObject 类是所有事件对象的基础父类，它是 java.lang.Object 的子类，如图 4-8 所示。所有事件都是由它派生出来的。而与 AWT 有关的所有事件都由 java.awt.AWTEvent 类派生，如图 4-9 所示，它是 EventObject 类的子类。

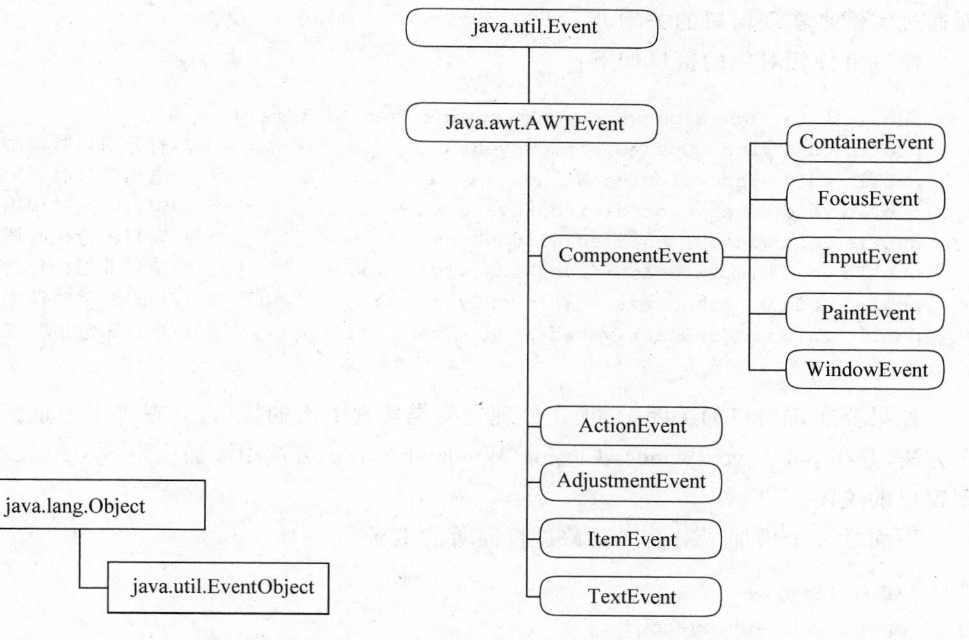

图 4-8 java.util.EventObject 类与 java.lang.Object 类

图 4-9 java.awt.AWTEvent 类以及子类

这些 AWT 事件分为两大类：低级事件和高级事件。低级事件是指基于组件和容器的事件，例如，鼠标的单击、窗口的关闭等。高级事件是基于语义的事件，它可以不和特定的动作关联，二是依赖于触发此事件的类，例如，单击某个按钮，选中项目列表中的某一项。

1. 高级事件

(1) ActionEvent(动作事件)：对应的事件为按钮被单击，在文本框中按回车键。

(2) AdjustmentEvent(调节事件)：对应的事件为移动滚动条滑块调节数值。

(3) ItemEvent(项目事件)：对应的事件为选择项目。

(4) TextEvent(文本事件)：对应的事件为文本对象改变。

2. 低级事件

(1) ComponentEvent(组件事件)：对应的事件为组件尺寸的变化、移动。

(2) ContainerEvent(容器事件)：对应的事件为组件增加、移动。

(3) FocusEvent(焦点事件)：对应的事件为焦点获得和丢失。

(4) KeyEvent(键盘事件)：对应的事件为键盘按键的按下、释放。

(5) MouseEvent(鼠标事件)：对应的事件为鼠标的单击、移动等。

(6) WindowEvent(窗口事件)：关闭窗口、窗口最小化等。

4.3.2 事件监听器和事件适配器

每类事件都有对应的事件监听器，监听是一种接口，要根据程序实际情况来定义方法。在 4.3 节开始给出的程序中，窗口不能正常关闭，因为没有对窗口事件进行处理，下面通过实例来实现窗口的关闭。

窗口事件相对应的接口如下：

```
public interface WindowListener extends EventListener{
public void windowOpened(WindowEvent e);                //打开窗口时调用
public void windowClosing(WindowEvent e);               //退出窗口时调用
public void windowClosed(WindowEvent e);                //窗口关闭时调用
public void windowIconified(WindowEvent e);             //窗口图标化时调用
public void windowDecionified(WindowEvent e);           //窗口非图标化时调用
public void windowActivated(WindowEvent e);             //窗口激活时调用
public void windowDeactivated(WindowEvent e);           //窗口未激活时调用
}
```

如果要实现窗口的关闭，必须让处理它的类实现上面的接口，并在程序中重新写每一个方法，并在 public void windowClosing(WindowEvent e)方法中添加代码 System. exit(1)实现窗口的关闭。

下面是一个增加了对窗口对象进行监听的例子。

```
//事件处理类
import java.awt.event.*;
//事件对应的接口
public class ButtonProcess implements ActionListener,WindowListener {
```

```
      public void actionPerformed(ActionEvent e) {

            System.out.println("你单击了按钮");
      }
   public void windowOpened(WindowEvent e){};                  //打开窗口时调用
   public void windowClosing(WindowEvent e){
   System.exit(1)                                              //系统正常关闭
   };                                                          //退出窗口时调用
   public void windowClosed(WindowEvent e){};                  //窗口关闭时调用
   public void windowIconified(WindowEvent e){};               //窗口图标化时调用
   public void windowDecionified(WindowEvent e){};             //窗口非图标化时调用
   public void windowActivated(WindowEvent e){};               //窗口激活时调用
   public void windowDeactivated(WindowEvent e){};             //窗口未激活时调用
   }
```

通过上面的实例可以实现窗口的关闭功能，但其中有很多方面没有使用，Java 语言为一些 Listener 接口提供了适配器(Adapter)类。可以通过继承事件所对应的 Adapter 类，重写需要的方法，无关的方法不用实现。

事件适配器提供了一种简单的实现监听器的手段，可以缩短程序代码。

小提示

Java 是单一继承机制，当需要多种监听器或此类已经有父类时，就无法采用事件适配器了。

Java 中定义的事件适配器类包括以下几个。

(1) ComponentAdapter：组件适配器

(2) ContainerAdapter：容器适配器

(3) FocusAdapter：焦点适配器

(4) KeyAdapter：键盘适配器

(5) MouseAdapter：鼠标适配器

(6) MouseMotionAdapter：鼠标运动适配器

(7) WindowAdapter：窗口适配器

当使用窗口适配器编程时，上面处理事件的代码可以写成：

```
public class ButtonProcess exntends WindowAdapter implements ActionListener {
   public void actionPerformed(ActionEvent e) {
         System.out.println("你单击了按钮");
   }
public void windowClosing(WindowEvent e){
System.exit(1)                                              //系统正常关闭
      };                                                    //退出窗口时调用
}
```

4.3.3 常见的事件及其相应的接口

Java 提供了对多种事件的监听功能，但在一般程序中只使用常用的几种，表 4-24 列出了常见的事件及其相应的接口。

表 4-24　常见的事件及其相应的接口

事件类别和说明	接　口　名	常 用 方 法
ActionEvent,激活组件	ActionListener	actionPerformed(ActionEvent)
ItemEvent,选择了某些项目	ItemListener	itemStateChanged(ItemEvent)
MouseEvent,鼠标移动	MouseMotionListener	mouseDragged(MouseEvent) mouseMoved(MouseEvent)
MouseEvent,鼠标单击	MouseListener	mousePressed(MouseEvent) mouseReleased(MouseEvent) mouseEntered(MouseEvent) mouseExited(MouseEvent) mouseClicked(MouseEvent)
KeyEvent,键盘输入	KeyListener	keyPressed(KeyEvent) keyReleased(KeyEvent) keyTyped(KeyEvent)
FocusEvent,组件得到或失去焦点	FocusListener	focusGained(FocusEvent) focusLost(FocusEvent)
AdjustmentEvent,移动了滚动条等组件	AdjustmentListener	adjustmentValueChanged(AdjustmentEvent)
ComponentEvent,对象移动、缩放、显示隐藏等	ComponentListener	componentMoved(ComponentEvent) componentHidden(ComponentEvent) componentResized(ComponentEvent) componentShown(ComponentEvent)
WindowEvent,窗口接收到窗口级事件	WindowListener	windowClosing(WindowEvent) windowOpened(WindowEvent) windowIconified(WindowEvent) windowDeiconified(WindowEvent) windowClosed(WindowEvent) windowActivated(WindowEvent) windowDeactivated(WindowEvent)
ContainerEvent,容器中增加、删除了组件	ContainerListener	componentAdded(ContainerEvent) componentRemoved(ContainerEvent)
TextEvent,文本字段或文本区发生改变	TextListener	textValueChanged(TextEvent)

4.4　扩展知识——异常处理

4.4.1　异常概述

Java 语言把程序运算中可能遇到的错误分为两类,一类是非致命性的,通过某种修正后程序还能继续执行,例如,对负数开平方根、空指针访问、试图读取不存在的文件、网络连接中断等;另一类是致命性的,程序遇到了非常严重的不正常状态,不能简单地恢复执行,比如程序中的内容耗尽等。

在程序编译或运行中所发生的可预料或不可预料的错误事件会引起程序的中断,影响程序的正常运行,这在Java语言中称为异常(Exception)。Java语言专门用一个类来代表一种特定的异常情况,在系统中传递的异常情况就是该类的对象,所有代表异常的类组成的体系就是Java语言中的异常类体系,这也是Java语言的特点之一。

Java API中专门设计了java.lang.Throwable类,只有该类及其子类的对象才可以在系统的异常传递体系中使用。图4-10显示了这个类及其子类的结构关系。

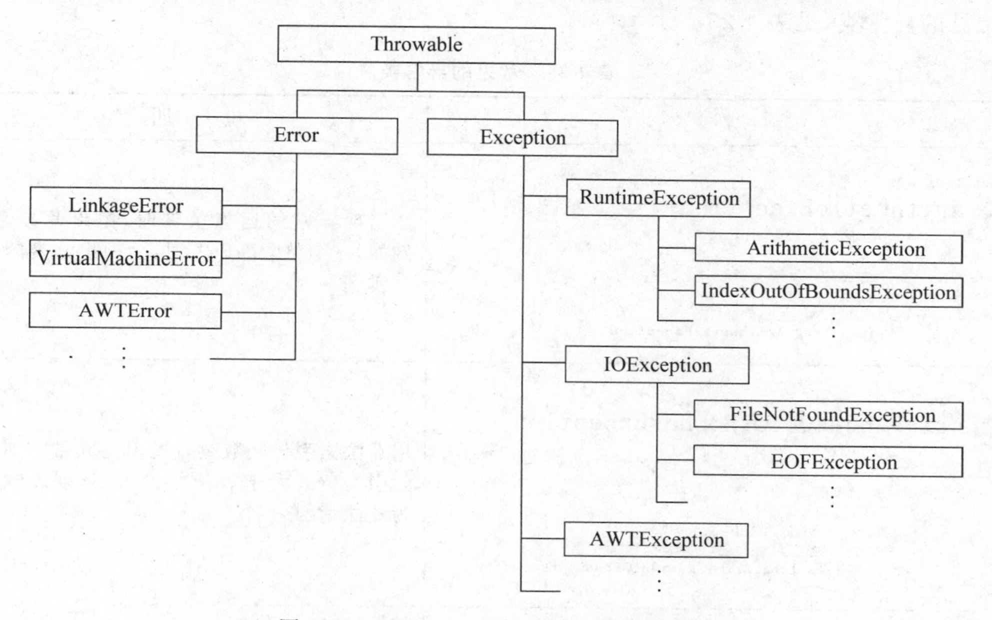

图4-10 java.lang.Throwable类及其子类

1. Error类

该类代表错误,指程序无法恢复的异常情况。对于所有错误类型及其子类,都不要求程序进行处理。常见的Error类如内存溢出StackOverflowError等。

2. Exception类

该类代表异常,指程序有可能恢复的异常情况。该类是整个Java语言异常类体系中的父类。使用该类可以表示所有异常的情况。

在Java API中声明了几百个Exception的子类,分别代表各种各样的常见异常情况,这些类根据需要表示的情况位于不同的包中,这些类的类名均以Exception作为类名的后缀。如果遇到的异常情况,在Java API中没有对应的异常类可以表示,也可以声明新的异常类来表示特定的情况。

在这些异常类中,根据是否是程序自身导致的异常,将所有的异常类分为以下两种。

(1) RuntimeException及其所有子类

该类异常属于程序运行时异常,也就是由于程序自身的问题导致的异常,例如,数组下标越界异常 ArrayIndexOutOfBoundsException 等。

该类异常在语法上不强制程序员必须处理，即使不处理这样的异常也不会出现语法错误，即在程序调试过程中不会出现错误。

(2) 其他 Exception 子类

该类异常属于程序外部的问题引起的异常，也就是由于程序运行时某些外部问题导致的异常，例如文件不存在异常 FileNotFoundException 等。该类异常在语法上强制程序员必须进行处理，如果不进行处理，则会出现语法错误。

由于异常类的数量非常多，在实际使用时需要经常查阅 Java API 文档，下面列举一些常见的异常类，见表 4-25。

表 4-25　常见的异常类

异　常　类	说　　明
java.lang 类 ArithmeticException java.lang.Object └ java.lang.Throwable 　└ java.lang.Exception 　　└ java.lang.RuntimeException 　　　└ **java.lang.ArithmeticException**	当出现异常的运算条件时，抛出此异常。例如，一个整数除以零时，会抛出此类的一个实例
java.lang 类 ArrayIndexOutOfBoundsException java.lang.Object └ java.lang.Throwable 　└ java.lang.Exception 　　└ java.lang.RuntimeException 　　　└ java.lang.IndexOutOfBoundsException 　　　　└ **java.lang.ArrayIndexOutOfBoundsException**	用非法索引访问数组时抛出的异常。如果索引为负或大于等于数组大小，则该索引为非法索引
java.lang 类 IllegalArgumentException java.lang.Object └ java.lang.Throwable 　└ java.lang.Exception 　　└ java.lang.RuntimeException 　　　└ **java.lang.IllegalArgumentException**	抛出的异常表明向方法传递了一个不合法或不正确的参数

4.4.2　异常的捕获与处理

在程序中添加异常的处理机制，在异常产生时将危害减到最小。异常处理的主要是 Exception 类，Error 是程序本身问题，不能处理。

常用关键字：try、catch 和 finally。

其语法结构如下：

```
try{
    <可能产生异常的程序代码段>
}catch(<要捕捉的异常类><变量名称>){
```

```
    <处理这个异常的程序代码段>}
finally{
    <必须运行的代码段>
}
```

当程序中的代码可能有异常产生时,使用 try 语句把这段代码括起来,一旦运行中有异常产生可以使用 catch 语句把它捕捉到,接着在 catch 的代码段中编写处理的程序代码,catch(＜要捕捉的异常类＞ ＜变量名称＞)语句用于设置要捕捉的异常的类型。

当程序没有异常产生时,catch 语句后面的代码段是不执行的,但有时无论有没有产生异常,都必须去运行一些程序代码,那么就使用 finally 语句。finally 语句不是每个程序都需要的,只有必须运行的程序代码存在时,才把这样的代码写在此区块中。

4.4.3　抛出异常

抛出异常是 Java 中处理异常的第二种方式。如果一个方法(中的语句执行时)可能生成某种异常,但是并不能确定如何处理这种异常,则此方法应声明为抛出异常,表明该方法将不对这些异常进行处理,而由该方法的调用者负责处理。

抛出异常使用 throws 关键字来进行处理,throws 是在方法名后标出该方法所产生何种异常的集合(通常比较多,可以用逗号隔开),即此方法如果内部产生未经处理的异常就会向外抛出。

声明抛出异常举例:

```
public void readFile(String file) throws IOException {
    …
    FileInputStream fis=new FileInputStream(file);
                                   //读文件的操作可能产生 IOException 类型的异常
    …
}
```

throw 关键字也用于抛出异常,与 throws 关键字的区别在于:throws 关键字是在方法的声明上抛出异常时使用,而 throw 是用在方法内部某个可能产生异常的地方。在 throw 关键字后面会产生一个要抛出异常类的对象。

```
public void readFile(String file) {
    if(fis. exists()) throw new IOException();
    …
}
```

4.4.4　用户自定义异常

如果 Java API 中已经定义好的异常类不能完全满足程序的需求,那么还可以自己定义异常类。

用户自定义的异常类将继承某个原有的 Exception 类,然后加上两个构造函数,一个需要传递一个字符串参数,另外一个不需要参数,然后在构造函数中再调用父类的构造函数,之后将参数上传即可。

下面给出一个简单的示例：

```
public class ScoreWrongException extends RuntimeException{
public ScoreWrongException() {
        super("成绩分数必须是0~100之间的数字");
}
public ScoreWrongException(String s) {
        super(s);
} }
```

4.5 扩展实例

在前面计算器实例代码的基础上添加异常处理，处理分母为0的情况。

4.5.1 编写步骤

```
…
130     public void actionPerformed(ActionEvent e)
131     {
…
174         if((e.getSource()==bMulti)||(e.getSource()==bDivision)||
175             (e.getSource()==bPlus)||(e.getSource()==bMinus))
176         {
177             if(ForeScreen !="")
178             {
179                 OperatorCurrent=e.getActionCommand().trim();    //保存当前运算符
180                 try{
181                     doOperator();                               //计算结果
182                 }catch(Dnum we){
183                     we.showTip();
184                 }
187             }
188             else
189             {
190                 OperatorPre=e.getActionCommand().trim();
191             }
192         }
194         if(e.getSource()==bEqual)
195         {
196             try{
197                 doOperator();                                   //计算结果
198             }catch(Dnum we){
199                 we.showTip();
200             }
201         }
202     }
203 }
204
```

```
205     //计算结果函数
206     public void doOperator()throws Dnum
207     {
208         double dFore,dBack;                               //保存当前数值和前一次的数值
209         Double d;
210
211         if(OperatorPre.equals(""))
212         {
213             BackScreen=ForeScreen;
214             ForeScreen="";
215             tfAnswer.setText(BackScreen);
217         }
218         else
219         {
220             dFore=(new Double(ForeScreen)).doubleValue();
221             dBack=(new Double(BackScreen)).doubleValue();
222             ForeScreen="";
223             BackScreen=tfAnswer.getText();
224
225             if(OperatorPre.equals("+"))
226             {
227                 d=new Double((dBack +dFore));
228                 tfAnswer.setText(d.toString());
229                 BackScreen=d.toString();
231             }
232             if(OperatorPre.equals("-"))
233             {
234                 d=new Double((dBack-dFore));
235                 tfAnswer.setText(d.toString());
236                 BackScreen=d.toString();
238             }
239             if(OperatorPre.equals("*"))
240             {
241                 d=new Double((dBack * dFore));
242                 tfAnswer.setText(d.toString());
243                 BackScreen=d.toString();
245             }
246             if(OperatorPre.equals("/"))
247             {
248                 double pd=0;
249                 if(dFore==pd){
250                     Dnum we=new Dnum();
251                     we.setIsdFore(dFore,tfAnswer);
252
253                     throw we;
254             }
255             else{
258                     d=new Double((dBack / dFore));
259                     tfAnswer.setText(d.toString());
```

```
260                BackScreen=d.toString();
261            }
262        }
263    }
264    OperatorPre=OperatorCurrent;
265
266    }
267        public void doForeScreen(String s)
268    {
269        ForeScreen +=s;
270        tfAnswer.setText(ForeScreen);
271
272    }
273
...
299    //自定义异常,用来处理分母为 0 时的情况
300    class Dnum extends Exception{
301        private double isdFore ;
302        private JTextField istfAnswer;
303        double d1=0;
304
305        public Dnum(){
306            super();
307        }
308
309        public double getIsdFore(){
310            return this.isdFore;
311        }
312
313        public void setIsdFore(double b,JTextField j){   //接收抛出异常传递过来的值
314            this.isdFore=b;
315            this.istfAnswer=j;
316        }
317
318        public void showTip(){
319            if(this.isdFore==d1){
320
321            istfAnswer.setText("分母不能为 0");
322            }
323        }
324    }
```

4.5.2 运行结果

运行结果与计算器的界面一样。但当除数分母为零时,会有提示,扩展程序的显示效果如图 4-11 所示。

图 4-11　扩展程序的显示效果

本章实训

1. 实训目的

(1) 了解Java图形用户界面程序设计方法,掌握AWT和Swing组件的使用方法,能够利用布局管理器创建出所需的图形界面。

(2) 理解Java中的事件处理机制,掌握事件处理的基本方法,能对常用事件进行处理。

(3) 了解Java中异常的概念,掌握异常处理方法。

2. 实训内容

使用图形用户界面编程的方式,编写一个具有文本输入功能的界面。

3. 实训步骤

(1) 在Eclipse中新建项目、包和添加类文件。

(2) 在类文件中编写代码实现文本输入功能。

本章小结

通过本章的学习,读者可以了解并掌握有关Java图形界面设计、事件处理和异常处理的基本方法。本章以基础实例为引导,首先介绍了Java图形用户界面的基本组成,重点讲解了AWT和Swing中的各种容器和组件的使用方法及其布局方式。

在创建出图形界面后,讲解了Java中的事件处理机制,依据事件处理机制对图形界面的构建添加事件处理的方法。最后介绍了Java中异常处理的基本知识,着重讲解了异常的处理方式和处理过程。结合前面所讲内容,在基础实例的基础上进行扩展,完成了一个具有异常处理功能的图形界面实例。

实例结合了用户界面设计、异常处理等方面的知识和技巧,使读者可以开发一个具有图形用户界面的Java程序,并具备事件处理功能,让读者对Java的基本编程方法和设计思想获得进一步了解。

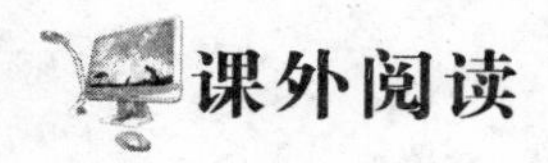

课外阅读

SWT

SWT(Standard Widget Toolkit)是一个开源的GUI编程框架,与AWT/Swing有相似的用处,著名的开源IDE-Eclipse就是用SWT开发的。

在SWT之前,SUN已经提供了一个跨平台GUI开发工具包AWT(Abstract Windowing Toolkit)。虽然AWT框架使用的也是原生窗口部件(Native Widgets),但是它一直未能突破LCD问题。LCD问题导致了一些主要平台特征的遗失。

为了解决这个问题,SUN又创建了一个新的框架。这个框架不再使用原生窗口部

件，而是使用仿真窗口部件(Emulated Widgets)。这个方法虽然解决了LCD问题，并且提供了丰富的窗口部件集，但是它也带来了新的问题。例如，Swing应用程序的界面外观不再和原生应用程序的外观相似。虽然在JVM中这些Swing应用程序的性能已经得到了最大程度的改善，但是它们还是存在着其原生对应物所不具有的性能问题。并且，Swing应用程序会消耗太多的内存，因此Swing不适用于一些小设备，如PDA和移动电话等。

IBM尝试彻底解决AWT和Swing框架带来的上述问题。最终，IBM创建了一个新的GUI库，这就是SWT。SWT框架通过JNI来访问原生窗口部件。如果在宿主(Host)平台上无法找到一个窗口部件，SWT就会自动地模拟它。

为了方便开发SWT程序，在SWT基础上又创建了一个更易用、功能强大的图形包JFace。然而，JFace并不能完全覆盖SWT的所有功能，所以编程时SWT、JFace都会用到，但是一般来说，能用JFace的组件最好不要用SWT的。

SWT本身仅仅是Eclipse组织为了开发Eclipse IDE环境所编写的一组底层图形界面API。至今为止，SWT无论是在性能和外观上，都超越了SUN公司提供的AWT和Swing。目前SWT已经十分稳定。这里的稳定包含两层意思。

一是指性能上的稳定，这源于SWT的设计理念。SWT最大化了操作系统的图形构件API，也就是说只要操作系统提供了相应图形的构件，那么SWT只是简单应用JNI技术调用它们，只有那些操作系统中不提供的构件，SWT才自己去模拟实现。可以看出SWT性能上的稳定大多时候取决于相应操作系统图形构件的稳定性。

再者是指SWT API包中的类、方法的名称和结构已经少有改变，程序员不用担心由于Eclipse组织开发进度很快(Eclipse IDE每天都会有一个Nightly版本发布)，而导致自己的程序代码变化过大。从一个版本的SWT更新至另一版本，通常只需要简单地将SWT包换掉就可以了。

一个SWT应用程序的基本组成部分为显示界面(Display)、命令界面(Shell，使命令进入并使运行初始化)和窗口部件(Widget)。Display负责管理事件循环和控制UI线程和其他线程之间的通信。Shell是应用程序中被操作系统窗口管理器管理的窗口。每个SWT应用程序至少需要一个Display和大于等于1个的Shell实例。

文章出处：百度百科

课后作业

1. 修改扩展实例，用Applet的方式，在网页中实现一个计算器的界面。
2. 应用图形用户界面的知识动手编写一个记事本或日记本的小程序。

第 5 章

文本编辑器

引言

本章将介绍 Java 文件操作的基础知识，包括输入输出流、文件的操作，以及如何建立菜单和设置菜单功能，建立对话框等，并综合运用上述内容给出一个文本编辑器的实例。

5.1 基础实例

本章构造实现了一个文本编辑器，类似于常见的记事本或写字板这样的文本编辑器，并提供其简化的功能。对于此编辑器，完成的功能包括如下几个。

(1) 所见即所得的文本输入。

(2) 方便地选中文本、复制文本、删除文本和插入文本的功能。

(3) 简单的排版功能，如设置字体、字号等。

在本小节的基础实例中将实现如下功能：新建文件、改变颜色和字体、关闭窗口、关于软件的介绍，打开和保存以及打印的功能暂且没有，留在扩展实例中实现。

5.1.1 编写步骤

根据需求分析结果，首先对程序进行划分，进行系统架构设计。这里需要一个主类，提供用户图形界面和实现基本功能；一个类用来实现文字颜色的编辑功能；还有一个类用来实现文字字体、字号的编辑功能。

1. 主类 MyEditor.java 源代码清单

这个类是此程序的主类，提供用户图形界面。当用户使用菜单、键盘、鼠标进行文本编辑时，将触发相应的事件并对事件进行处理。当前光标的位置在编辑器底部的状态栏里显示。

此类实现了如下几个接口。

(1) DocumentListener 接口

实现此接口，观察者使用该接口注册以接收文本文档的更改通知。Document 接口的默认实现 AbstractDocument(抽象类)支持异步更改。如果使用此功能(即变化来自

Swing 事件线程之外的线程)，则通过正发生变化的线程通知监听器。这意味着如果进行异步更新，则此接口的实现必须是线程安全的！DocumentEvent 通知以 JavaBeans 事件模型为基础。传递给监听器的顺序是没有保证的，并且在对 Document 做进一步的更改之前必须通知所有监听器，这意味着 DocumentListener 的实现不能更改事件源(即相关的 Document)。

接口里定义了如下几个方法。

① void insertUpdate(DocumentEvent e)：给出对文档执行了插入操作的通知。

② void removeUpdate(DocumentEvent e)：给出移除了一部分文档的通知。

③ void changedUpdate(DocumentEvent e)：给出属性或属性集发生更改的通知。

(2) ActionListener 接口

用于接收操作事件的监听器接口。

(3) KeyListener 接口

对用户键盘操作做出响应。

(4) KaretListener 接口

用于监听文本组件插入符的位置更改的监听器。

MyEditor.java 程序代码如下所示。

```
 …
12     public class MyEditor extends JFrame
13         implements ActionListener, CaretListener, DocumentListener, KeyListener{
14         //菜单项声明
15         JMenuItem menuFileNew, menuFileClose,menuFileExit,
16             menuEditCut, menuEditCopy, menuEditPaste,
17             menuEditDeleteSelection, menuEditDeleteLine, menuEditDeleteWord,
18             menuEditGoTo, menuEditSelectAll,
19             menuViewFont, menuViewColor,
20             menuViewDoubleSpace,
21             menuHelpAbout;
22         //选项声明
23         JCheckBoxMenuItem menuViewStatus, menuViewWordWrap;
24         //可编辑区域
25         JTextArea ta;
26         JTextField tfs, tfro, tfrn;
27         //状态栏标签声明
28         JLabel fileStatus, statusRow, statusCol, statusMode, statusSize;
29         //弹出对话框按钮声明
30         JButton bs, brf, brr, brra;
31         //子 Frame 和 JDialog 实例声明
32         JFrame fr;
33         JDialog dl;
34         //状态标记
35         static int foundCount=0;
36         int FindStartPos=0;
37         boolean findingLoop=true;
 …
```

```
48        public static void main(String[] args){
49            try {
50    UIManager.setLookAndFeel("com.sun.java.swing.plaf.windows.WindowsLookAndFeel");
51            } catch(Exception e) { }
52            MyEditor me=new MyEditor();
53            me.showIt();
54        }
…
61        public void showIt(){
…
182        //添加菜单
183        fr.setJMenuBar(mb);
184        mb.add(menuFile);
185        menuFile.add(menuFileNew);
186        menuFile.add(menuFileClose);
187        menuFile.addSeparator();
188        menuFile.add(menuFileExit);
…
212            fr.addWindowListener(new WindowAdapter() {
213                public void windowClosing(WindowEvent e) {
214                    System.exit(0);
215                }
216            });
217            fr.setSize(600,420);
218            fr.setVisible(true);
219        }
220
221        public void actionPerformed(ActionEvent e) {
222            //新建文件
223            if(e.getSource()==menuFileNew) {
224                ta.replaceRange("", 0, ta.getText().length());
225                fns=null;
226                fileStatus.setText("文件状态: New File|          ");
227            }
229            //关闭文件
230            else if(e.getSource()==menuFileClose) {
231                ta.replaceRange("", 0, ta.getText().length());
232                fileStatus.setText("文件状态: File closed without save|");
233                fns=null;
234            }
236            //退出 MyEditor
237            else if(e.getSource()==menuFileExit) {
238                System.exit(0);
239            }
241            //Cut 操作
242            else if(e.getSource()==menuEditCut) {
243                ta.cut();
244            }
…
```

```
261            else if(e.getSource()==menuEditDeleteLine) {
262            //删除行操作
263                String str=ta.getText();
264                int pos=ta.getCaretPosition();
265                int lineStart=0, lineEnd=0;
266                lineStart=str.substring(0, pos).lastIndexOf('\12');
267                lineEnd=str.indexOf('\15', pos);
268                lineStart=(lineStart==-1)?0 : (lineStart-1);
269                ta.replaceRange("", lineStart, lineEnd);
270                lineStart=(lineStart==0)?0 : (lineStart+2);
271                ta.setCaretPosition(lineStart);
272            }
   …
443    }//actionPerformed结束
444
445        public void caretUpdate(CaretEvent e) {
446            if(menuViewStatus.getState())
447                showStatus();
448        }
   …
473        public void keyTyped(KeyEvent e) {
474            beginTextListener=true;
475            isNewFile=false;
476            if(!BACKSPACE) {
477                if(!INSERTMODE) {
478                    int pos=ta.getCaretPosition();
479                    char c=ta.getText().charAt(pos);
480                    if(c=='\12') {
481                    }
482                    else if(c=='\15') {
483                    }
484                    else {
485                        ta.replaceRange("", pos, pos+1);
486                    }
487                }
488            }
489            BACKSPACE=false;
490        }
491
492        public void keyPressed(KeyEvent e) {
493            if(e.getKeyCode()=='\10') {
494                BACKSPACE=true;
495            }
496        }
497
   …
731        public void itemStateChanged(ItemEvent ie) {
732            if(ie.getSource()==fore) {
733                //前景色改变
```

```
…
742             }
743             else if(ie.getSource()==back) {
744                 //背景色改变
…
753             }
754             else if(ie.getSource()==colorCheckbox) {
755                 if(colorCheckbox.getState()) {
756                     synchronism=true;
757                 }
758                 else {
759                     synchronism=false;
760                 }
761             }
762         }
763 
764         public void actionPerformed(ActionEvent ae) {
765             if(ae.getSource()==colorButtonOk) {
766                 changed=true;
767                 dispose();
768             }
769             else if(ae.getSource()==colorButtonCancel) {
770                 changed=false;
771                 dispose();
772             }
773         }
…
814         public void adjustmentValueChanged(AdjustmentEvent ade) {
815             if(ade.getSource()==scrollbarRed) {
816                 //红色数值调整
817                 if(synchronism) {
818                     textFieldRed.setText(scrollbarRed.getValue() +"");
819                     scrollbarGreen.setValue(scrollbarRed.getValue());
820                     textFieldGreen.setText(scrollbarRed.getValue() +"");
821                     scrollbarBlue.setValue(scrollbarRed.getValue());
822                     textFieldBlue.setText(scrollbarRed.getValue() +"");
823                     if(isFore) {
824                         colorTextField.setForeground(setColorVarSrollbar());
825                         fbgc[0]=setColorVarSrollbar();
826                     }
827                     else {
828                         colorTextField.setBackground(setColorVarSrollbar());
829                         fbgc[1]=setColorVarSrollbar();
830                     }
831                 }
832                 else {
833                     textFieldRed.setText(scrollbarRed.getValue()+"");
834                     if(isFore) {
835                         colorTextField.setForeground(setColorVarSrollbar());
```

```
836                     fbgc[0]=setColorVarSrollbar();
837                 }
838                 else {
839                     colorTextField.setBackground(setColorVarSrollbar());
840                     fbgc[1]=setColorVarSrollbar();
841                 }
842             }
843         }
844         else if(ade.getSource()==scrollbarGreen) {
845             //绿色数值调整
...
902     }
903     private Color setColorVarSrollbar() {
904         return new Color(scrollbarRed.getValue(),
905         scrollbarGreen.getValue(),
906         scrollbarBlue.getValue());
907     }
908
909 }
```

2. 设置颜色程序 SetColor.java 源代码清单

```
...
10  //主类 MenuColor
11  public class SetColor extends JDialog
12      implements ItemListener,ActionListener,TextListener, AdjustmentListener {
13      // AWT 组件声明
14      CheckboxGroup gp;
15      Checkbox fore, back;
16      Scrollbar scrollbarRed, scrollbarGreen, scrollbarBlue;
17      TextField textFieldRed, textFieldGreen, textFieldBlue;
18      JButton colorButtonOk, colorButtonCancel;
19      Checkbox colorCheckbox;
20      JTextField colorTextField;
21      //改变标记
22      boolean changed=true;
23      //同步标记
24      boolean synchronism=false;
25      //颜色数组
26      Color[] fbgc=new Color[2];
27      Color[] fbgcOld=new Color[2];
28      //前景色标记
29      boolean isFore=true;
30
31      //构造方法
32      SetColor(JFrame frame, boolean modal) {
33          super(frame, modal);
34      }
35
36      // myLayout 方法,窗体布局
```

```
37          public Color[] myLayout(Color fgc, Color bgc) {
  …
145              //添加窗体监听器
146              this.addWindowListener(new WindowAdapter() {
147                  public void windowClosing(WindowEvent e) {
148                      dispose();
149                  }
150              });
151              this.setLocation(120, 120);
152              this.setResizable(false);
153              this.setSize(480,160);
154              //显示窗体
  …
164          public void itemStateChanged(ItemEvent ie) {
165              if(ie.getSource()==fore) {
166                  //前景色改变
167                  isFore=true;
168                  scrollbarRed.setValue(fbgc[0].getRed());
169                  textFieldRed.setText(scrollbarRed.getValue() +"");
170                  scrollbarGreen.setValue(fbgc[0].getGreen());
171                  textFieldGreen.setText(scrollbarGreen.getValue() +"");
172                  scrollbarBlue.setValue(fbgc[0].getBlue());
173                  textFieldBlue.setText(scrollbarBlue.getValue() +"");
174                  colorTextField.setForeground(setColorVarSrollbar());
175              }
176              else if(ie.getSource()==back) {
177                  //背景色改变
  …
195          }
197          public void actionPerformed(ActionEvent ae) {
198              if(ae.getSource()==colorButtonOk) {
199                  changed=true;
200                  dispose();
201              }
202              else if(ae.getSource()==colorButtonCancel) {
203                  changed=false;
204                  dispose();
205              }
206          }
  …
335          }
336          private Color setColorVarSrollbar() {
337              return new Color(scrollbarRed.getValue(),
338              scrollbarGreen.getValue(),
339              scrollbarBlue.getValue());
340          }
341
342      }
```

3. 设置字体程序 SetFont.java 源代码清单

```
...
11    public class SetFont extends JDialog
12        implements ItemListener,ActionListener,TextListener {
13        // AWT 组件声明
14        CheckboxGroup gp;
15        Checkbox plain, bold, italic, boldItalic;
16        Choice fontNameChoice;
17        TextField fontSizeTextField;
18        List fontSizeList;
19        TextField fontTextField;
20        JButton fontButtonOk;
21        JButton fontButtonCancel;
22        //默认字体
23        int fontStyleInt=0;
24        //更改标记
25        boolean changed=true;
26        //字号范围
27        int fontSizeMin=10, fontSizeMax=36, fontSizeChangedStep=2;
28
29        //构造方法
30        SetFont(Frame frame, boolean modal) {
31            super(frame, modal);
32        }
33
34        public Font myLayout(Font taFont) {
...
143           //添加窗体监听器
144           this.addWindowListener(new WindowAdapter() {
145               public void windowClosing(WindowEvent e) {
146                   dispose();
147               }
148           });
149           this.setLocation(120, 120);
150           this.setResizable(false);
151           this.setSize(480,160);
152           //显示窗体
153           this.setVisible(true);
154           if(changed)
155               return returnFont();
156           else
157               return taFont;
158       }
159
160       public void itemStateChanged(ItemEvent ie) {
161           if(ie.getSource()==plain) {
162               updateFontTextField();
163           }
```

```
...
182         }
184         public void actionPerformed(ActionEvent ae) {
185             if(ae.getSource()==fontButtonOk) {
186                 changed=true;
187                 dispose();
188             }
189             else if(ae.getSource()==fontButtonCancel) {
190                 changed=false;
191                 dispose();
192             }
193         }
...
231         //更新字体
232         private void updateFontTextField() {
233             if(gp.getSelectedCheckbox().getLabel().equals("PLAIN")){
234                 fontStyleInt=Font.PLAIN;
235             }
...
248         }
249     }
```

5.1.2 运行结果

运行主类 MyEditor.java，在命令行输入 java MyEditor 或在 IDE 中选择运行项目，呈现给用户的主界面如图 5-1 所示。

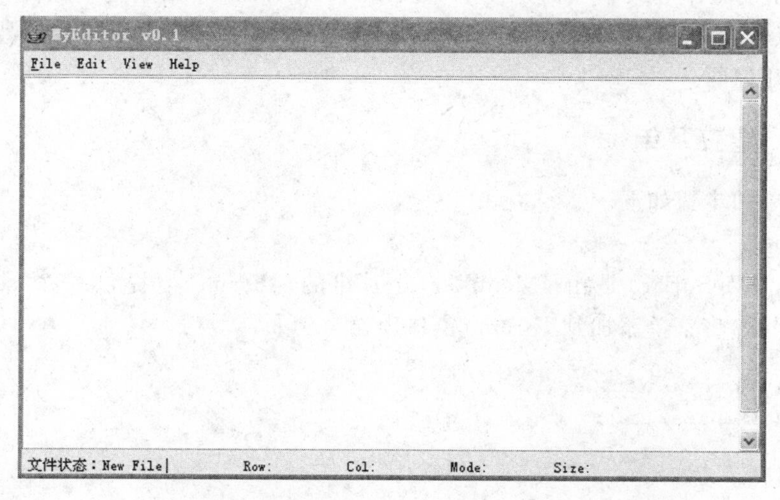

图 5-1 运行主界面

在菜单选项中选择设置字体的命令后，打开的对话框如图 5-2 所示。

在菜单选项中选择设置颜色的命令后，打开的对话框如图 5-3 所示。

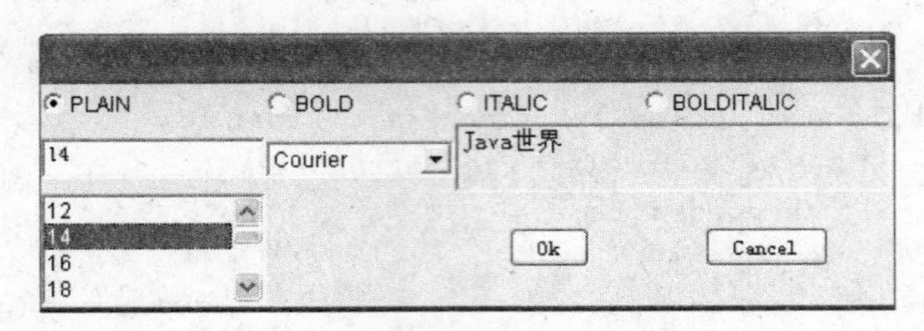

图 5-2　选择字体对话框

图 5-3　选择颜色对话框

5.2　基础知识(一)——菜单

菜单是用户图形界面的主要组成部分,用户通过选择菜单选项,可以非常方便地执行程序中的操作。菜单(Menu)放在菜单栏(MenuBar)里,菜单项(MenuItem)放在菜单里。AWT 和 Swing 都提供菜单组件。

Swing 中的菜单和菜单项都是按钮,从 AbstractButton 中派生出来,所以都继承了它的功能,可以包含文本、图标、提示符等。Swing 的菜单是 AWT 菜单组件的替代者,但其功能是十分相似的。

5.2.1　建立菜单

建立菜单的步骤如下。

1. 菜单条

菜单条(JMenuBar)是由 JMenuBar 类创建的,JFrame 类提供一个 setJMenuBar (JMenuBar bar)将菜单添加到 JFrame 窗口顶端。例如:

```
JMenuBar mb=new JMenuBar();
this.setJMenuBar(mb);
```

2. 菜单

菜单(JMenu)是由 JMenu 类创建的。此类中常用的方法及其说明见表 5-1。

例如:

```
//初始化 File 菜单
JMenu menuFile=new JMenu("File", true);
menuFile.setMnemonic('F');
```

表 5-1　菜单类中常用的方法及其说明

方　法	说　明
JMenuItem add(Action a)	创建连接到指定 Action 对象的新菜单项，并将其追加到此菜单的末尾
Component add(Component c)	将组件追加到此菜单的末尾
void addSeparator()	将新分隔符追加到菜单的末尾
void addMenuListener(MenuListener l)	添加菜单事件的监听器
JMenuItem add(JMenuItem menuItem)	将某个菜单项追加到此菜单的末尾
JMenuItem insert(JMenuItem mi, int pos)	在给定位置插入指定的 JMenuItem
void insertSeparator(int index)	在指定的位置插入分隔符
void remove(Component c)	从此菜单移除组件 c
void setMnemonic(int mnemonic)	设置按钮的助记符

3. 菜单项

菜单项(MenuItem)由 JMenuItem 类创建，菜单项放在菜单里。常用的方法及其说明见表 5-2。

表 5-2　菜单项的常用方法及其说明

方　法	说　明
void setEnabled(boolean b)	启用或禁用菜单项
void addMenuKeyListener(MenuKeyListener l)	将 MenuKeyListener 添加到菜单项
void setAccelerator(KeyStroke keyStroke)	设置组合键，它能直接调用菜单的操作侦听器而不必显示菜单的层次结构

例如：

```
//初始化 New 菜单项
menuFileNew=new JMenuItem("New", 'N');
menuFileNew.setAccelerator (KeyStroke.getKeyStroke (KeyEvent.VK_N, InputEvent.
CTRL_MASK));
menuFileNew.addActionListener(this);
//初始化 Close 菜单项
menuFileClose=new JMenuItem("Close", 'C');
menuFileClose.setAccelerator (KeyStroke. getKeyStroke (KeyEvent. VK _F4, InputEvent.
CTRL_MASK));
menuFileClose.addActionListener(this);
```

5.2.2　设置菜单功能

使用菜单时，首先将菜单条、菜单、菜单项加入窗口中。假如已经声明一个 JFrame 窗口 fr，执行下面的代码生成菜单界面。

```
//加入菜单条
fr.setJMenuBar(mb);
//加入菜单
mb.add(menuFile);
//加入菜单项
menuFile.add(menuFileNew);
menuFile.add(menuFileClose);
//加入分隔符
menuFile.addSeparator();
```

当有菜单事件发生时，重载 actionPerformed(ActionEvent ae)方法。在此方法内实现事件处理功能。例如，有一个菜单项 menuFileClose 用于直接关闭文件，当在菜单中选择关闭文件的命令时，需要将文本输入区的内容清空，并在文件状态栏里显示文件关闭但不保存。示例代码如下：

```
//当在菜单中选择关闭文件的命令时
else if(ae.getSource()==menuFileClose) {
    ta.replaceRange("", 0, ta.getText().length());
    fileStatus.setText("文件状态: File closed without save|");
    fns=null;
}
```

5.3 基础知识(二)——对话框

对话框(Dialog)和 Frame 都是 Window 的子类，区别在于 Dialog 没有添加菜单的功能，而且对话框必须依赖于某个窗口或组件，当它依赖的窗口或组件消失时，对话框也消失。而当它所依赖的组件或窗口可见时，对话框自动恢复。

可以通过建立 Dialog 类的子类来创建一个对话框，另外系统会提供一些标准的对话框组件。对话框也是一个容器，默认布局是 Border，可以在对话框里添加组件，实现与用户的交互。常用的方法及其说明见表 5-3。

表 5-3 JDialog 常用的方法及其说明

方　法	说　明
JDialog(Frame owner)	构造方法，创建一个没有标题但将指定的 Frame 作为其所有者的无模式对话框
JDialog(Frame owner, boolean modal)	构造方法，创建一个没有标题但指定了所有者的对话框
public voidsetSize(int width,int height)	调整组件的大小，使其宽度为 width，高度为 height
public void setVisible(boolean b)	根据参数 b 的值显示或隐藏此组件

对话框分为有模式和无模式两种。有模式对话框就是当这个对话框处于激活状态时，只让程序响应对话框内部的事件，程序不能再激活它所依赖的窗口或组件，而且它会阻塞其他线程的执行，直到该对话框消失。无模式对话框与此相反，不阻塞线程的执行。在 5.3.2 小节中建立的自定义对话框就是一个有模式对话框。

5.3.1　标准对话框

JDK 提供一些标准对话框供用户使用，这些对话框都是应用中常见的对话框类型，如弹出一个对话框让用户确认，让用户选择打开文件、保存文件等。这些标准对话框减轻了编程人员编写对话框的工作量。常用的对话框类如下所示。

1. FileDialog 类

这是 Dialog 类的子类，它创建的对象称为文件对话框。文件对话框是一个打开文件和保存文件的有模式对话框。例如基础实例中有如下代码：

```
Frame saveFileFrame=new Frame("Save file");
FileDialog fileDialog=new FileDialog(saveFileFrame);
fileDialog.setMode(FileDialog.SAVE);
fileDialog.setFile("*.txt;*.java");
fileDialog.show();
String file=fileDialog.getFile();
String directory=fileDialog.getDirectory();
if(file !=null) fns=directory+file;
```

运行结果如图 5-4 所示。

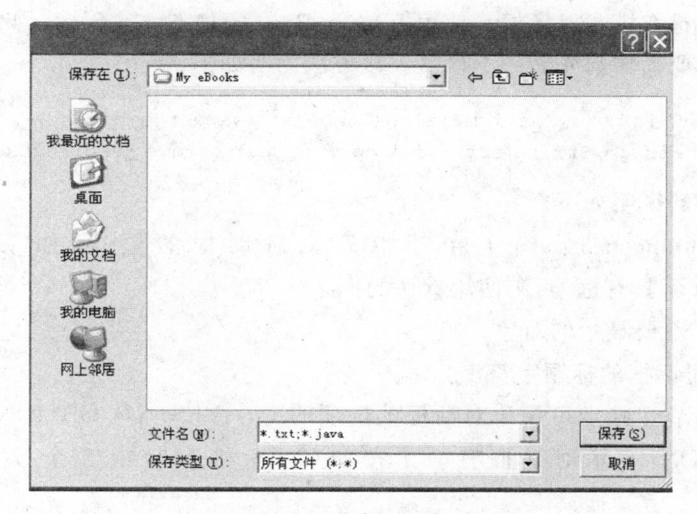

图 5-4　文件对话框

2. 消息对话框

消息对话框是有模式对话框，可以给用户提供一些提示信息。可以使用 JOptionPane 类的静态方法来实现，此方法的声明如下：

```
public static void showMessageDialog(Component parentComponent,
    Object message,String title,int messageType) throws HeadlessException
```

调用方法时会打开一个对话框，显示由 messageType 参数确定的消息类型的图标。方法的参数说明如下。

(1) parentComponent：确定在其中显示对话框的框架，如果为 null 或者 parentComponent 不具有框架，则使用默认的框架。

(2) message：要显示的对象。

(3) title：对话框的标题字符串。

(4) messageType：要显示的消息类型：ERROR_MESSAGE、INFORMATION_MESSAGE、WARNING_MESSAGE、QUESTION_MESSAGE 或 PLAIN_MESSAGE。

例如下面的代码将打开一个消息对话框，显示一条错误信息：

```
public class ErrorDialog {
    public static void main(String argv[]) {
      String message="\"The Comedy of Errors\"\n"+
          "is considered by many scholars to be\n"+
          "the first play Shakespeare wrote";
      JOptionPane.showMessageDialog(new JFrame(), message, "Dialog",
          JOptionPane.ERROR_MESSAGE);
    }
}
```

3. 确认对话框

确认对话框是有模式对话框。使用 JOptionPane 的静态方法创建。此类对话框可以让用户在执行重要动作前先做一下确认。该方法声明如下：

```
public static int showConfirmDialog(Component parentComponent,
    Object message,String title,int optionType) throws HeadlessException
```

方法中的参数说明如下。

(1) parentComponent：确定在其中显示对话框的框架，如果为 null 或者 parentComponent 不具有框架，则使用默认的框架。

(2) message：要显示的对象。

(3) title：对话框的标题字符串。

(4) optionType：指定可用于对话框的选项的 int：YES_NO_OPTION 或 YES_NO_CANCEL_OPTION，表示对话框有两个按钮(YES 和 NO)或 3 个按钮(YES、NO、CANCEL)。

例如，下面的代码将打开一个对话框，用户单击 YES 按钮时，执行某些操作，否则执行另外一些操作。

```
int n=JoptionPane.showConfirmDialog(this, "确认正确吗？", "确认对话框",
                                    JOptionPane.YES_NO_OPTION);
if(n==JOptionPane.YES_OPTION {//do something}
else{//do something}
```

5.3.2 用户自定义对话框

常用的对话框界面相似，显示的信息也很简单。如果想要设计复杂一些的对话框，可

以通过扩展 JDialog 类来创建。例如用户选择 About 命令时，可以用此类弹出一个对话框。

下面给出一个用户自定义对话框的例子：

```
public class AboutDialog extends JDialog{
    private static final long serialVersionUID=-43234324324L;
    //用于显示错误详细信息的文本框
    private JTextArea detailTxt;
    private JLabel msgLbl;

    //关闭按钮
    private JButton closeButton;

    public AboutDialog(JFrame frame,String title,String msg,String detail){
        super(frame,title,true);
        this.setResizable(false);
        this.locateMe(400, 300);
        msgLbl=new JLabel(msg);
        msgLbl.setForeground(Color.red);
        msgLbl.setFont(new Font("Serif", Font.BOLD, 16));

        detailTxt=new JTextArea(detail,5,20);
        detailTxt.setWrapStyleWord(true);
        detailTxt.setLineWrap(true);
        JScrollPane sp=new JScrollPane(detailTxt);

        closeButton=new JButton("关闭");
    …
        //设定布局
        int gridx, gridy, gridwidth, gridheight, anchor, fill,
            ipadx, ipady;
        double weightx, weighty;
        GridBagConstraints c;
        Insets inset;
        GridBagLayout gridbag=new GridBagLayout();
        setLayout(gridbag);
        addActionListeners();
    }

    private void addActionListeners(){
        final JDialog dlg=this;
        closeButton.addActionListener(
            new ActionListener() {
                public void actionPerformed(ActionEvent e) {
                        dlg.dispose();
                }
            }
        );
```

```
    }

    private void locateMe(int width, int height) {
        Dimension screenSize=Toolkit.getDefaultToolkit().
            getScreenSize();
        this.setSize(width, height);
        this.setLocation(screenSize.width/2-width/2,
            screenSize.height/2-height/2);
    }
}
```

把这个程序加入到基础实例程序中，用户选择 About 命令时，程序调用 AboutDialog.java，打开如图 5-5 所示的对话框。

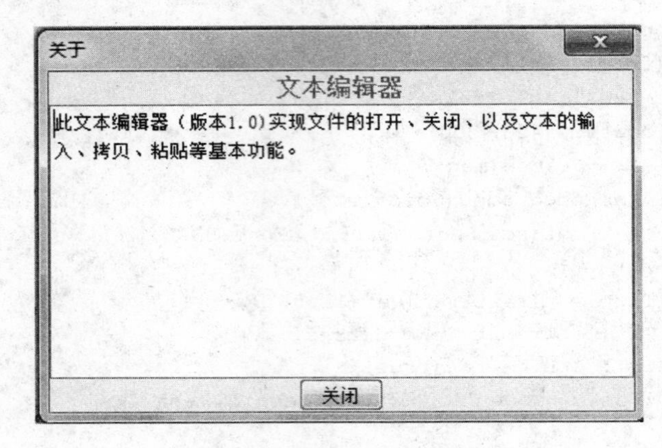

图 5-5 “关于”对话框

5.4 扩展知识——输入输出流

输入输出流提供一个通道程序，使用这个通道把源中的字节序列传送到目的地。输入流的指向称为源，程序从指向源的输入流中读取数据。而输出流的指向是字节传送的目的地，程序通过向输出流中写数据把信息传递到目的地。

流是一个很形象的概念，当程序需要读取数据的时候，就会开启一个通向数据源的流，这个数据源可以是文件、内存，或是网络连接。类似地，当程序需要写入数据的时候，就会开启一个通向目的地的流。

5.4.1 输入输出流类

Java 中的流分为两种，一种是字节流，另一种是字符流，分别由 4 个抽象类来表示（每种流包括输入和输出两种，所以一共 4 个）：InputStream、OutputStream、Reader、Writer。Java 中其他多种多样变化的流均是由它们派生出来的：InputStream 和 OutputStream 是基于字节流的，而基于字符流的是 Reader 和 Writer。

在这 4 个抽象类中，InputStream 和 Reader 定义了完全相同的接口。

(1) int read()：读取单个字符。

(2) int read(char cbuf[])：将字符读入数组。

(3) int read(char cbuf[], int offset, int length)：将字符读入数组的某一部分。

而 OutputStream 和 Writer 也是如此。

(1) int write(int c)：写入单个字符。

(2) int write(char cbuf[])：写入字符数组。

(3) int write(char cbuf[], int offset, int length)：写入字符数组的某一部分。

这6个方法是最基本的，read()和 write()通过方法的重载来读写一个字节，或者一个字节数组。更多灵活多变的功能是通过它们的子类来扩充完成的。

1. BufferedReader 类

这是 Reader 的一个子类，它具有缓冲的作用，避免了频繁地从物理设备中读取信息。它有以下两个构造函数。

(1) BufferedReader(Reader in)：创建一个使用默认大小输入缓冲区的缓冲字符输入流。

(2) BufferedReader(Reader in, int sz)：创建一个使用指定大小输入缓冲区的缓冲字符输入流。

这里的 sz 是指定缓冲区的大小。它的主要方法及其说明见表5-4。

表5-4　BufferedReader 类的主要方法及其说明

方　法	说　明
void close()	关闭流
void mark(int readAheadLimit)	标记当前位置
boolean markSupported()	是否支持标记
int read()	继承自 Reader 的基本方法
int read(char[] cbuf, int off, int len)	继承自 Reader 的基本方法
String readLine()	读取一行内容并以字符串形式返回
boolean ready()	判断流是否已经做好读入的准备
void reset()	重设到最近的一个标记
long skip(long n)	跳过指定个数的字符读取

2. InputStreamReader 类

这是 InputStream 和 Reader 之间的桥梁，由于 System.in 是字节流，需要用它来包装之后变为字符流供给 BufferedReader 使用。

3. PrintWriter 类

PrintWriter 类用于向文本输出流打印对象的格式化表示形式。

```
PrintWriter out1=new PrintWriter(new BufferedWriter(new FileWriter("IODemo.out")));
```

在此代码中，输出目的地是文件 IODemo. out，所以最内层包装的是 FileWriter(向文件输出)，建立一个输出文件流，接下来，由于希望这个流是缓冲的，所以用 BufferedWriter 来包装它以达到目的，最后，需要格式化输出结果，于是将 PrintWriter 包在最外层。

一个简单的示例如下。此程序将输入重定向到文件 Redirecting. java，将输出重定向到文件 test. out，从而实现两个文件间的复制。程序示例如下所示：

```
public class Redirecting{
    public static void main(String[]args)throws IOException{
        PrintStream console=System.out;
         BufferedInputStream in = new BufferedInputStream (new FileInputStream
("Redirecting.java"));
           PrintStream  out = new  PrintStream (new  BufferedOutputStream (new
FileOutputStream("test.out")));
        System.setIn(in);
        System.setOut(out);
        BufferedReader br=new BufferedReader(new InputStreamReader(System.in))
        String s;
        while((s=br.readLine())!=null)
           System.out.println(s);
        out.close();S
        System.setOut(console);
    }
}
```

5.4.2 文件

File 类的对象主要用来获取文件本身的一些信息，例如，文件的长度、所在的目录、读写权限等。绝对路径名是完整的路径名，不需要任何其他信息就可以定位自身表示的文件。相反，相对路径名必须使用来自其他路径名的信息进行解释。File 的构造方法及其说明见表 5-5。

表 5-5 File 类的构造方法及其说明

构造方法	说明
File(File parent, String child)	根据 parent 抽象路径名和 child 路径名字符串创建一个新 File 实例
File(String pathname)	通过将给定路径名字符串转换成抽象路径名来创建一个新 File 实例
File(String parent, String child)	根据 parent 路径名字符串和 child 路径名字符串创建一个新 File 实例
File(URI uri)	通过将给定的 file: URI 转换成一个抽象路径名来创建一个新的 File 实例

File 类一些常用的方法及其说明见表 5-6。

表 5-6　File 类常用的方法及其说明

方　法	说　明
public String getName()	返回由此抽象路径名表示的文件或目录的名称。该名称是路径名称序列中的最后一个名称。如果路径名称序列为空,则返回空字符串
public String getPath()	将此抽象路径名转换为一个路径名字符串。所得到的字符串使用默认名称分隔符来分隔名称序列中的名称
public boolean exists()	测试此抽象路径名表示的文件或目录是否存在
public boolean isDirectory()	测试此抽象路径名表示的文件是否是一个目录
public boolean createNewFile() throws IOException	当且仅当不存在具有此抽象路径名指定的名称的文件时,原子地创建由此抽象路径名指定的一个新的空文件。检查文件是否存在,如果不存在则创建该文件,这是单个操作,对于其他所有可能影响该文件的文件系统活动来说,该操作是原子的
public boolean mkdir()	创建此抽象路径名指定的目录

一个简单的示例如下,实现两个文件的复制,复制文件 f1 至 f2。

```
public class UpdateFile {
    public static void main(String[] args) throws IOException {
        //待复制的文件名
        String fileName="WriteFile.txt";
        //子目录名
        String childDir="backup";
        new UpdateFile().update(fileName, childDir);
    }

    public void update(String fileName, String childDir) throws IOException {
        File f1, f2, child;
        //在 fileName 和 childDir 当前目录中分别创建文件对象
        f1=new File(fileName);
        child=new File(childDir);
        if (f1.exists()) {
            if (!child.exists())
                child.mkdir();
            //在子目录 childDir 中创建文件对象
            f2=new File(child, fileName);
            if (!f2.exists()||f2.exists()
                && (f1.lastModified()>f2.lastModified()))
                copy(f1, f2);
            getInfo(f1);
            getInfo(child);
        } else
            System.out.println(f1.getName()+" file not found!");
}
```

```
    public void copy(File f1, File f2) throws IOException {
        //创建文件输入输出流对象
        FileInputStream is=new FileInputStream(f1);
        FileOutputStream os=new FileOutputStream(f2);
        //设定读取的字节数
        int count, n=512;
        byte buffer[]=new byte[n];
        //读取输入流
        count=is.read(buffer, 0, n);
        while (count !=-1) {
            os.write(buffer, 0, count);
            count=is.read(buffer, 0, n);
        }
        //关闭输入输出流
        is.close();
        os.close();
    }

    public static void getInfo(File file) throws IOException {
        // 初始化时间格式
        SimpleDateFormat sdf=
            new SimpleDateFormat("yyyy-MM-dd hh: mm: ss");
        if (file.isFile())
            //返回抽象路径名的绝对路径、文件长度、最后修改时间
            System.out.println("<FILE>\t" +file.getAbsolutePath()+"\t"+
            sdf.format(new Date(file.lastModified())));
        else{
            System.out.println("\t" +file.getAbsolutePath());
            File[] files=file.listFiles();
            for (int i=0; i<files.length; i++)
                getInfo(files[i]);
        }
    }
}
```

5.5 扩展实例

在基础实例中实现了一个带有新建文本、改变颜色和字体、关闭窗口、关于软件的介绍等菜单功能的例子。这些功能对于一个文本编辑器还是不够的，打开和保存的功能没有实现，它们将在扩展实例中实现。

5.5.1 编写步骤

1. 在 MyEditor.java 加入声明

```
JMenuItem menuFileOpen,menuFileSave;
```

2. 在 MyEditor.java 布局方法中加入新的组件及事件

```
   ...
100      //初始化 open 菜单项
101      menuFileOpen=new JMenuItem("Open...", 'O');
102      menuFileOpen.setAccelerator(KeyStroke.getKeyStroke(KeyEvent.VK_O,
                   InputEvent.CTRL_MASK));
103      menuFileOpen.addActionListener(this);
104      //初始化 Save 菜单项
105      menuFileSave=new JMenuItem("Save", 'S');
106      menuFileSave.setAccelerator( KeyStroke.getKeyStroke
                   (KeyEvent.VK_S,InputEvent.CTRL_MASK));
107      menuFileSave.addActionListener(this);
108      //加入到菜单中
109      menuFile.add(menuFileOpen);
110      menuFile.add(menuFileSave);
   ...
```

3. 在 MyEditor.java 的 actionPerformend()方法中加入新的事件处理程序

```
   ...
200      //保存文件
201      else if(e.getSource()==menuFileSave){
202      OutputStreamWriter osw;
203      if(fns !=null) {
204          try{
205                  osw=new OutputStreamWriter(
206                    new BufferedOutputStream(
207                      new FileOutputStream(fns)));
208                        osw.write(ta.getText(), 0, ta.getText().length());
209                  osw.close();
210                  fileStatus.setText("文件状态: file saved|      ");
211      } catch(IOException ie) { }
212      if(fileStatus.getText().endsWith("*")) {
213          fileStatus.setText(fileStatus.getText().substring(0,
214          fileStatus.getText().length()-1));
215      }
216  }
217      else {
218      Frame saveFileFrame=new Frame("Save file");
219      FileDialog fileDialog=new FileDialog(saveFileFrame);
220      FileDialog.setMode(FileDialog.SAVE);
221      fileDialog.setFile("*.txt;*.java");
222      fileDialog.show();
223      String file=fileDialog.getFile();
224      String directory=fileDialog.getDirectory();
225      if(file !=null) {
226          fns=directory +file;
227          try{
228              osw=new OutputStreamWriter(
229                  new BufferedOutputStream(
```

```
230                      new FileOutputStream(fns)));
231             osw.write(ta.getText(), 0, ta.getText().length());
232             osw.close();
233         fileStatus.setText("文件状态: File saved|      ");
234         } catch(IOException ie) { }
235     }
236     }
237 }
238   else if(ae.getSource()==menuFileOpen) {
239   //打开文件
240   String s=null;
241   StringBuffer strPool=new StringBuffer();
242   Frame openFileFrame=new Frame("Open file");
243   FileDialog fileDialog=new FileDialog(openFileFrame);
244   fileDialog.setMode(FileDialog.LOAD);
245   fileDialog.setFile("*.txt;*.java");
246   fileDialog.show();
247   String file=fileDialog.getFile();
248   String directory=fileDialog.getDirectory();
249   //读取文件
250   if(file !=null) {
251       fns=directory +file;
252       ta.replaceRange("", 0, ta.getText().length());
253       BufferedReader br;
254       try{
255           br=new BufferedReader(new FileReader(fns));
256           s=br.readLine();
257           while(s !=null) {
258               strPool.append(s +'\15' +"\12");
259               s=br.readLine();
260           }
261   br.close();
262           ta.setText(strPool.toString());
263           } catch(IOException e) {
264       }
265       //显示状态
266       fileStatus.setText("File opened.");
267       isNewFile=true;
268   }
269 }
...
```

5.5.2 运行结果

扩展实例加入功能后的运行结果如图 5-6 所示。图 5-6 在原有的界面上加入了打开和保存菜单。

选择打开文件的命令时,打开一个文件对话框,如图 5-7 所示。

选择保存文件的命令时,打开一个保存文件对话框,如图 5-8 所示。

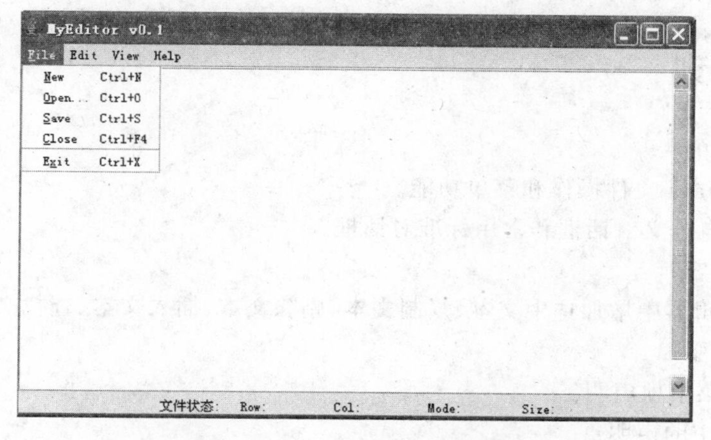

图 5-6　加入打开和保存菜单

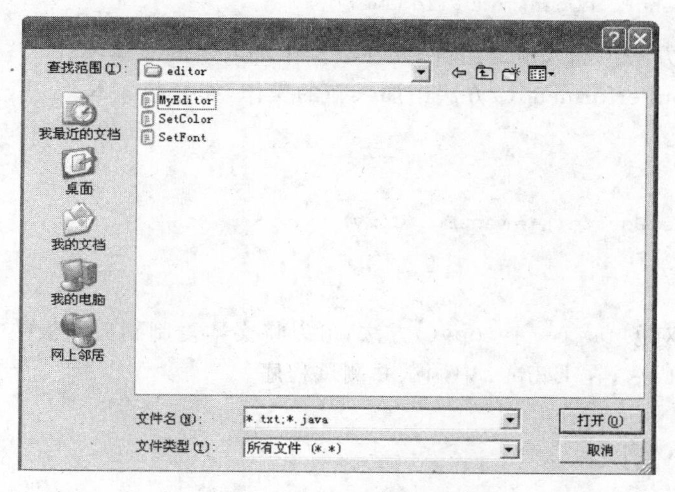

图 5-7　打开文件对话框

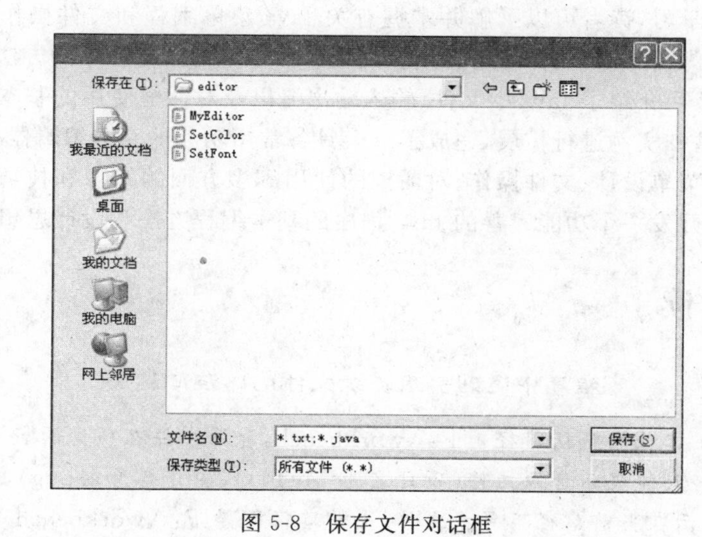

图 5-8　保存文件对话框

本章实训

1. 实训目的

(1) 掌握 Java 文件操作和菜单功能。

(2) 掌握自定义对话框和常用标准对话框。

2. 实训内容

在文本编辑器中增加选中文本、复制文本、删除文本、插入文本、查找文本的功能。

3. 实训步骤

(1) 加入菜单项声明。

参考实例中的声明：

```
JMenuItem menuFileOpen,menuFileSave;
```

(2) 在布局方法中加入新的组件，如在菜单中加入新的菜单项。

(3) 在 actionPerformend()方法中加入新的操作，如复制文本。

例如：

```
//复制操作
else if(e.getSource()==menuEditCopy) {
    ta.copy();
}
```

JTextArea 对象 ta 有一个 copy()方法，可以将文本复制到剪贴板中。

(4) 编写完成后，在 Eclipse 中调试并测试程序。

本章小结

通过本章的学习，读者可以了解并掌握有关 Java 菜单编程和文件操作的基本方法。本章以基础实例为引导，首先介绍了在用户图形界面中编写菜单程序的方法，以及加入菜单功能的方式，然后介绍了 Java 中文件、输入输出流以及对话框使用的基本知识，结合前面所讲内容，将基础实例进行扩展，完成了一个具备常用功能的文本编辑器程序。

实例结合了菜单设计、文件操作、对话框的使用等多方面的知识和技巧，使读者可以更进一步地了解开发一个功能完善的 Java 程序的基本编程方法和设计思想。

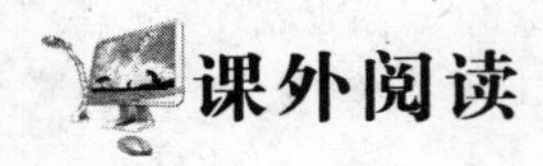

课外阅读

程序中遇到引用资源文件的路径问题

如果 Eclipse 工程的默认路径是 F：\workbench，资源文件在项目的 res 中，假如要求在 Eclipse 中运行时能显示资源文件(项目名为 MyText，图片名为 a. png)，则路径为 res/a. png，此路径表示在当前路径下寻找文件，当前路径即是 F：\workbench \MyText\，或者. /res/a. png 也可以,. /表示当前目录。但不能是/res/a. png,因为/表示的是当前项目的根路径,即 F:,Eclipse 运行时寻找文件的路径是 F:\res\a. png,这当然找不到。

但要想在将程序打包后,将 jar 放在别的地方也能显示图片,那上面所说的路径都不正确,这时应该用 class. getResource(),如 URL imageUrl=MyText. class. getResource("/res/a. png"),将程序打包后,在运行加载 MyText 时会到 MyText 的根路径 jar 包中去寻找资源,如把 jar 放在桌面,那么用/res/a. png 时程序寻找资源文件的完整路径是 C:\Users\hwl\Desktop \mytext. jar!\res\a. png(mytext 为包名),这样肯定能找到所需的文件。如果是 getResource("./res /a. png")或是 res/a. png,则双击 jar 包时无反应。

在 J2ME 中则要特别注意,资源文件的路径不是 res/a. png,而是/a. png。因为 Eclipse 在新建一个 midlet suit 时默认的资源文件路径是 res 文件夹,故会自动到 res 中去寻找文件,在路径中不用再加 res。可在 Window→Preferences→J2ME→New Midlet Suit 中看到 Automactically use Resources Directory in New Projects 是被选中的,且 Resources Directory 被设为 res。

注:上述课外阅读文章摘编自网站 http://blog. csdn. net/hwlhwj/archive/2009/11/22/4851005. aspx。

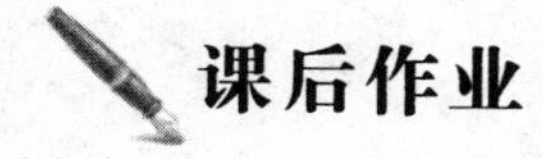

课后作业

修改扩展实例,增加打印的功能。

第6章

赛马游戏

引言

本章将介绍Java线程的基础知识，使读者了解如何利用线程来完成“同时”做多件事的方法，以及如何在此过程中对线程进行控制，并综合运用上述内容给出一个利用多线程方法编程的赛马游戏实例。

6.1 基础实例

本实例的功能是模拟赛马的奔跑过程，其中赛马用黑色方块代替，而且3匹马的比赛过程是固定的，每次结果都一致。

6.1.1 编写步骤

在Eclipse中建立一个项目，项目名称为Racing，并在项目中建立一个文件包(Package)，名为com，然后在此文件包中建立以下类。

赛马类程序Racing.java主要代码如下：

```
…
9     public class Racing extends JFrame{
10        int x1;
11        int y1=50;                              //定义1号马的横、纵坐标
12        int x2;
13        int y2=150;                             //定义2号马的横、纵坐标
14        int x3;
15        int y3=250;                             //定义3号马的横、纵坐标
16
17        public int getX1() {
18            return x1;
19        }
20        public void setX1(int x1) {
21            this.x1=x1;
```

```
22          }
23          public int getX2() {
24              return x2;
25          }
26          public void setX2(int x2) {
27              this.x2=x2;
28          }
29          public int getX3() {
30              return x3;
31          }
32          public void setX3(int x3) {
33              this.x3=x3;
34          }
35
36          public Racing(){
37              super("赛马游戏");
38              setLocation(400, 300);
39              setSize(600,300);
40              setVisible(true);
41              setDefaultCloseOperation(JFrame.EXIT_ON_CLOSE);
42          }
43          public void paint(Graphics g) {
44              super.paint(g);
45              g.drawLine(450, 20, 450, 280);
46              g.fillRect(x1, y1, 40, 30);              //画出 1 号马,以方块代替
47              g.drawString("no.1", x1, y1);
48              g.fillRect(x2, y2, 40, 30);              //画出 2 号马,以方块代替
49              g.drawString("no.2", x2, y2);
50              g.fillRect(x3, y3, 40, 30);              //画出 3 号马,以方块代替
51              g.drawString("no.3", x3, y3);
52
53          }
54          public static void main(String[] args) throws InterruptedException{
55              Racing frame=new Racing();
56              for(int i=0;i<400;i++){          //画赛马,其横坐标 X 从 0 逐渐增大至 400
57                  frame.setX1(i+50);
58                  frame.setX2(i+30);
59                  frame.setX3(i+10);
60                  Thread.sleep(10);
61                  frame.repaint();                     //根据新的 X 值重绘赛马
62              }
63          }
64      }
```

6.1.2 运行结果

编写完成后,可以测试程序的运行结果,结果如图 6-1 所示。

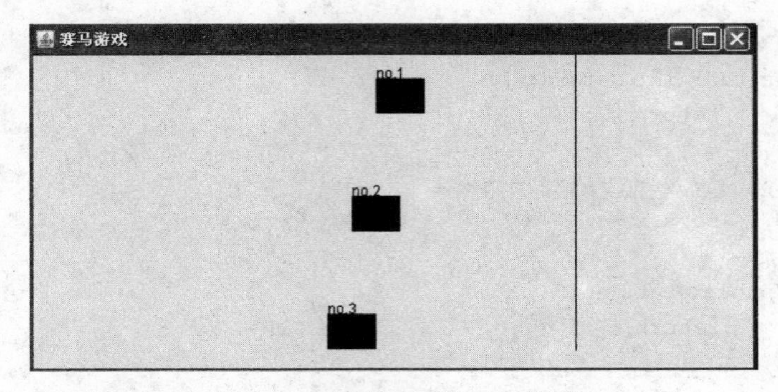

图 6-1 赛马游戏程序运行结果

6.2 基础知识——图形处理

Java 提供了非常丰富的图形处理功能,可以完成任何图形的绘制和处理操作。

6.2.1 框架

在 Java 应用程序中要创建一个用户界面,最常用的 Swing 容器是 JFrame 类。JFrame 类提供了一个包含标题、边框等的顶层窗口。

1. JFrame 类的构造方法

```
JFrame()                                    //创建一个无标题的框架
JFrame(String title)                        //创建一个标题为 title 的框架
```

2. JFrame 类的常用成员方法

```
public void setVisible(boolean b)           //设置框架是否可见,框架默认不可见
public void setSize(int width, int height) //设置框架的大小,默认位置是(0,0)
public void setBounds(int x,int y, int weight, int height)
        //设置框架出现在屏幕上的初始位置(x,y),框架在屏幕上的宽和高为 weight 和 height
public void setResizable(boolean b)         //设置框架是否可调整大小,默认为不可调整
public void setLocation(int x,int y)        //在屏幕左上角的位置为(x,y)
public void setDefaultCloseOperation(int Operation)
                                   //设置默认的关闭操作,根据其中参数进行相应处理
```

其中,Operation 的有效值如下。

(1) DO_NOTHING_ON_CLOSE

(2) HIDE_ON_CLOSE

(3) DISPOSE_ON_CLOSE

(4) EXIT_ON_CLOSE

3. 创建并显示框架

```
import javax.swing.*;
public class myframe{
    public static void main(String[] args){
```

```
        JFrame frame=new JFrame("myFrame");
        frame.setSize(400,400);
        frame.setVisible(true);
        frame.setDefaultCloseOperation(frame.EXIT_ON_CLOSE);
    }
}
```

6.2.2 简单图形

Java 的 Graphics 类是 java. awt 包中的一个类。其中包括很多绘制图形和文字的方法,可以利用 Graphics 类创建的实例随意绘制图形和文字,并利用它们取得许多的特效。

Graphics 类可以绘制的图形有直线、各种矩形、多边形、圆和椭圆等。下面列举 Graphics 类中一些用于绘制图形的方法。

(1) drawLine(int x1,int y1,int x2,int y2):绘制一条线段,从(x1,y1)至(x2,y2)。

(2) drawOval(int x,int y,int w,int h):绘制空心椭圆,其中 x,y 为左上角坐标值;w,h 表示半线,当 w=h 时,即为圆形。

(3) fillOval(int x,int y,int w,int h):绘制实心椭圆,参数与上面方法的意义一样。

(4) drawRect(int x,int y,int w,int h):绘制一个空心矩形。

(5) fillRect(int x,int y,int w,int h):绘制一个填充颜色的矩形。

(6) drawRoundRect(int x,int y,int w,int h,int aw,int ah):绘制一个圆角矩形。

(7) fillRoundRect(int x,int y,int w,int h):绘制一个圆角填充颜色的矩形。

下例为上述方法的实际应用:

```
public class Draw_pic extends JFrame{
    public Draw_pic(){
        Container con=getContentPane();
        con.add(new DrawPanel());
    }
    public static void main(String[] args) {
        Draw_pic frame=new Draw_pic();
        frame.setSize(400, 500);
        frame.setVisible(true);
    }
    class DrawPanel extends JPanel{
        public void paintComponent(Graphics g){
            g.drawRect(10, 10, 20, 20);
            g.fillRect(30, 30, 40, 40);
            g.drawOval(100, 120, 100, 100);
            g.fillOval(160, 160, 40, 40);
            g.drawRoundRect(80, 10, 100, 50, 10, 10);

            int x[]={225,290,210,275,250};
            int y[]={90,40,40,90,10};

            g.setColor(Color.green);
            g.drawPolygon(x,y,x.length);
```

```
            g.drawLine(100, 280, 200, 360);
        }
    }
}
```

编写完成后，运行程序，会显示如图 6-2 所示的运行结果。

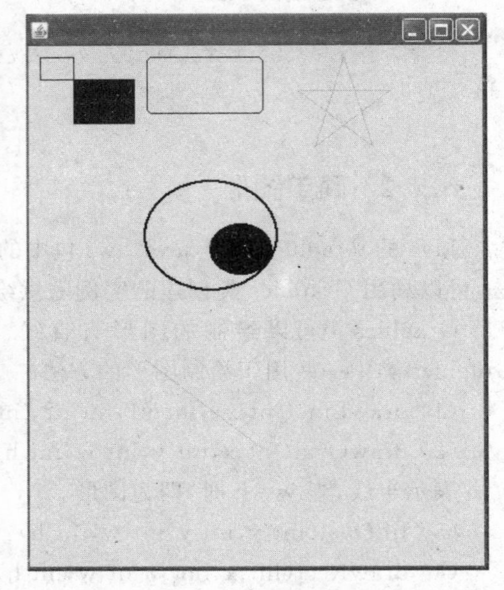
图 6-2　简单图形运行结果

6.2.3　颜色

使用 Java 中的 java. awt. Color 类可以为图形用户界面设置颜色。颜色中的 R(红)、G(绿)、B(蓝)为三原色的比例。一个 RGB 值由 3 部分组成，第一个 RGB 部分定义红色的量；第二个定义绿色的量；第三个定义蓝色的量。

1. Color 类的构造方法

(1) public Color(int r, int g, int b)：使用在 0～255 范围内的整数指定红、绿、蓝 3 种颜色的比例来创建一个 Color 对象

(2) public Color(float r, float g, float b)：使用 0.0～1.0 范围内的浮点数指定红、绿、蓝 3 种颜色的比例来创建一个 Color 对象

(3) public Color(int rgb)：使用指定的组合 RGB 值创建一个 Color 对象

2. 设置颜色

用 java. awt. Graphics 类的方法设定颜色或获取颜色。这些方法及其功能如下。

(1) setColor(Color c)：设置前景颜色，c 代表颜色

(2) setColor(new Color(int r, int g, int b))：根据 RGB 值，设置前景颜色

(3) setBackground(Color c)：设定背景颜色，c 代表颜色

(4) getColor()：获取当前所使用的颜色

6.3　扩展知识——多线程

现在的个人计算机上的操作系统都支持多任务处理技术。多任务处理技术有两种类型：基于进程的方式和基于线程的方式。进程本质上是一个正在执行的程序。基于进程的多任务处理的特点是允许用户的计算机同时运行多个程序。而在基于线程的多任务处理环境中，线程是最小的执行单位，一个程序运行时可以同时启动多个线程。

Java 支持多线程编程，对多线程的充分支持是 Java 编程技术的一个重要特色。Java 的所有类都是在多线程的思想下定义的，使 Java 编程人员能很方便地开发出具有多线程、能同时处理多个任务的应用程序。

6.3.1 线程的基本概念

程序是为了完成特定功能而编写的一组代码,程序是静态的。所谓的多任务指的是在操作系统中同时可运行多个程序,进程是程序的一次执行过程,是多任务系统中进行调度和资源分配的一个基本单位,每个启动的程序都对应着一个进程。一个程序从开始运行到运行结束,对应着一个进程的创建与消亡,进程是一个动态的概念,每个进程都有其生命周期。

线程是比进程更小的执行单位。一个进程在其执行过程中可以产生多个线程,形成多条执行线索。从运行角度看,每个线程也有其产生、存在和消亡的过程,也是一个动态的概念。从线程的编码看,一个线程有它自己的入口和出口,它是一个程序的可顺序执行的代码序列,是一段完成特定功能的代码序列,是一个程序内部的控制流。因此,线程被称为轻量级的进程。

多任务与多线程是两个不同的概念,多任务是指多进程,是指一个操作系统可以同时运行多个程序,即启动多个进程;而多线程是指一个程序中可以同时运行多个不同的线程来执行不同的任务,每个线程都是该程序内部的一个可执行代码序列。

多线程的主要优点如下。

(1) 将程序的独立任务划分在多线程中,通常要比在单个程序中完成全部任务容易。

(2) CPU 不会因等待资源而浪费时间。

(3) 从用户的观点看,单处理器上的多线程提供了更快的性能。

6.3.2 线程类

所有 Java 至少包含一个执行线程。从应用程序的角度看,此线程称为 main,是 main 线程在运行应用程序的 main()方法。当异常从 main 线程抛出后并没有被应用程序处理时,默认的 JVM 异常处理程序将输出 Exception in thread "main"异常消息。除了 main 线程以外,其他 JVM 线程都在后台工作。

1. Thread 类

Thread 类提供了多个构造方法,为更灵活地创建并初始化线程对象提供了保证,同时,Thread 类还定义了一系列属性与方法,用来控制线程对象的运行。

Thread 类的构造方法:

```
public Thread(ThreadGroup group, Runnable target, String name);
```

其中,group 指明该线程所属的线程组;target 是用来执行线程体的目标对象,它必须是实现接口 Runnable 的类的对象,即实现了线程体 run()方法的类的对象;name 为线程名,Java 中的每个线程都有自己的名称,允许为线程指定名称。如果没有 name 参数,Java 自动为创建的线程提供唯一的默认名。

当上述构造方法缺少某个或几个参数时,可分别得到下面的构造方法。

① public Thread()

② public Thread(Runnable target)

③ public Thread(Runnable target,String name)

④ public Thread(String name)

⑤ public Thread(ThreadGroup group,Runnable target)

⑥ public Thread(ThreadGroup group,String name)

如果构造方法中没有 target 参数,则继承 Thread 类的子类必须继承 Runnable 接口来实现 run()方法。

Thread 类常用的方法如下。

(1) public void start():启动线程。

(2) public void run():继承 Runnable 接口的空方法,线程体。

(3) public static void sleep(int millsecond):使线程休眠,单位为毫秒(ms)。

(4) public static Thread currentThread():返回当前正在运行线程对象的引用。

(5) public final String getName():返回线程名。

(6) public final int getPriority():返回线程优选级。

(7) publicfinal Boolean isAlive():判定线程是否处于活动状态。

(8) public static int activeCount():返回当前线程组中活动线程的个数。

2. Runnable 接口

Runnable 接口只有一个 run()方法,声明如下:

```
public void run();
```

run()方法是线程的线程体,创建一个线程并调用 start()方法启动后,一旦被调度获得 CPU 的使用权,Java 的运行时系统就自动调用 run()方法运行线程。一个线程是一个程序内部的一段可执行代码序列,其实就是一个可被运行时系统自动识别并执行的 run()方法,当线程被调度运行时,所执行的就是 run()方法中规定的操作。

一个线程执行的入口是 run()方法。当 run()方法执行完毕,线程就由执行状态转为消亡状态,即线程对象被释放。

任何实现接口 Runnable 的类的对象都可以作为一个线程的目标对象。由于类 Thread 本身也实现了接口 Runnable,因此在程序中实现多线程有两种方法:一种是继承 Thread 类并覆盖方法 run();另一种是将实现 Runnable 接口的类的对象作为线程体对象传递给 Thread 类。

6.3.3 创建线程

1. 继承 Thread 类的线程

由于 Thread 类已经实现了 Runnable 接口并把 run()方法实现为空方法,所以可以在定义 Thread 类的子类时,在子类中覆盖 run()方法并在该方法中编写线程操作的代码,那么 Thread 类的对象(其子类的对象)就是线程对象,在程序中创建该子类的对象实例就是创建线程对象。

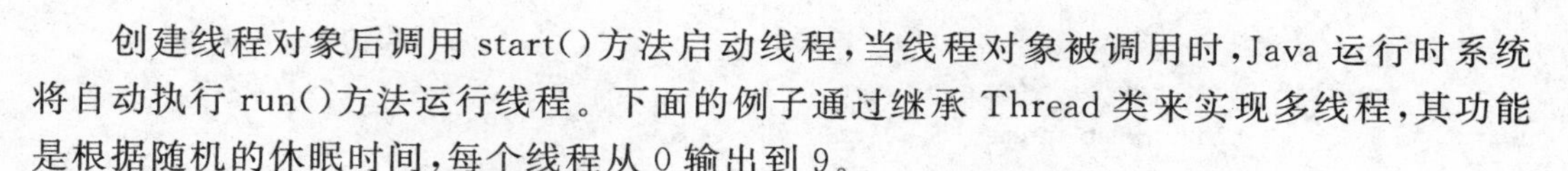

创建线程对象后调用 start()方法启动线程，当线程对象被调用时，Java 运行时系统将自动执行 run()方法运行线程。下面的例子通过继承 Thread 类来实现多线程，其功能是根据随机的休眠时间，每个线程从 0 输出到 9。

```
public class ThreadTest {
    public static void main(String[] args) {
        Thread t1=new subThread("First");                //创建线程 t1
        Thread t2=new subThread("Second");
        t1.start();                                      //启动 t1 线程
        t2.start();
    }
}
class subThread extends Thread {                         //继承 Thread 类
    public subThread(String str){
        super(str);
    }
    public void run(){                                   //覆盖 run 方法
        for(int i=0;i<10;i++){
            System.out.println(i+" "+getName());
            try{
                sleep((int)(Math.random() * 1000));      //休眠时间
            }catch (InterruptedException e){}
        }
        System.out.println("Finished!"+getName());
    }
}
```

运行程序，每次运行会得到不同的结果，图 6-3 显示了两次运行的结果。

```
0 First            0 First
0 Second           0 Second
1 Second           1 Second
2 Second           1 First
1 First            2 Second
2 First            3 Second
3 Second           4 Second
3 First            2 First
4 Second           5 Second
4 First            6 Second
5 Second           7 Second
5 First            3 First
6 Second           4 First
6 First            8 Second
7 First            5 First
7 Second           6 First
8 Second           9 Second
8 First            Finished!Second
9 Second           7 First
9 First            8 First
Finished!Second    9 First
Finished!First     Finished!First
```

图 6-3　两次运行的结果

2. 实现 Runnable 接口的线程

Runnable 接口只有一个方法 run()，需要定义一个类来实现 Runnable 接口并覆盖该方法，将线程要实现相应操作所需的代码写入 run()，然后创建类的对象，即含线程体的目标对象。但是 Runnable 接口本身并没有对线程提供支持，还必须创建 Thread 类的对象，并把目标对象传递给线程的虚拟 CPU(即 Thread 类)来完成线程执行的控制，这个工作通过 Thread 类的构造方法实现。

在 Thread 类的几个构造方法中都有一个 target 参数，其中的 target 就是包含 run()方法的线程体目标对象。在初始化一个由 Thread 类或 Thread 的子类创建的线程对象时，把目标对象传递给该线程对象。

下面的例子是一个实现了 Runnable 接口线程的程序，其功能是根据随机的休眠时间，每个线程从 0 输出到 9。

```
public class RunnableTest implements Runnable {          //实现 Runnable 接口
```

```
    public String name;                                     //线程的 name 属性
    public RunnableTest(String name){                       //线程的构造方法
        this.name=name;
    }
    public void run() {
        for(int i=0;i<10;i++){
            System.out.println(i+" "+name);
            try{
                Thread.currentThread().sleep((int)(Math.random() * 1000));
                //Runnable 无法提供 sleep 方法,所以使用 Thread 的 sleep 方法
            }catch (InterruptedException e){}
        }
        System.out.println("Finished!"+name);
    }
    public static void main(String[] args) throws InterruptedException {
        RunnableTest r1=new RunnableTest("First");
        RunnableTest r2=new RunnableTest("Second");
        Thread t1=new Thread(r1);
        Thread t2=new Thread(r2);
        t1.start();
        t2.start();
    }
}
```

编写完成后，可以运行程序，每次运行时都会显示不同的结果。

3. 两种创建线程方法的比较

(1) 继承 Thread 类

其优点是编写简单、可直接控制线程的运行；主要缺点是继承 Thread 类子类不能再继承其他类。

(2) 实现 Runnable 接口

该方法的优点在于：将线程的虚拟 CPU、线程体和处理的数据分开，形成了一个比较清晰的模型，最重要的是包含线程体的类还可以继承其他类。

其缺点在于：只能使用一套代码，即继承 Runnable 接口的类中只能有唯一的一个 run()方法，若想创建多个线程并使各个线程执行不同的代码，则仍必须另外创建继承 Runnable 的类。如果是这样，则直接用多个类分别继承 Thread 以实现多个可能不同的线程会更简洁。

6.3.4 线程的状态和生命周期

线程是程序内部的一个顺序控制流，有其生命周期。在一个线程的生命周期中，它总处于某一种状态中。线程的状态表示了线程正在进行的活动以及在这段时间内线程能完成的任务。按照线程体在系统内存中的不同状态，将线程分为创建、就绪、运行中、阻塞和消亡 5 种状态。一个线程每一时刻总处于这 5 种状态中的某一状态。

图 6-4 显示了 Java 线程所具有的不同状态及各状态间进行转换所需调用的方法。

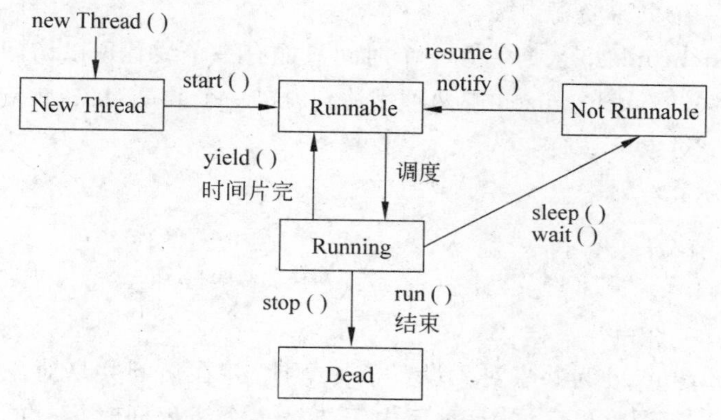

图 6-4　线程状态及转换方法

1. 创建状态(New Thread)

当创建了一个新的线程对象时,它就处于创建状态,此时在线程仅仅是一个空的线程对象,系统不为它分配资源。

2. 就绪状态(Runnable)

处于创建状态的线程,调用 start()方法启动后,系统为该线程分配除 CPU 以外所需的系统资源,使其处于就绪状态(又称为运行状态),此时的线程实际上并未真正运行,而是排队等待 CPU 调度。由于在单 CPU 的计算机中在同一时刻处于运行状态的线程只有一个,Java 运行时系统通过调度来保证程序中的线程共享 CPU。

3. 运行中状态(Running)

Java 运行时系统通过调度选中一个处于就绪队列中的线程,使其占有 CPU 并转为运行中状态(Running)。对于处于 Running 状态的线程,此时系统正在执行该线程的 run()方法。对于单 CPU 计算机系统,在同一时刻处于运行中状态的线程只有一个。

4. 阻塞状态(Not Runnable)

一个处于 Running 状态的线程,因为某种原因而中断运行,让出 CPU 的使用权,暂时中止运行而进入阻塞状态。进入阻塞状态的线程在引起中断的原因消除后,才再次转入就绪状态,重新进入线程就绪队列等待 CPU 的调度。引起线程进入阻塞状态的原因有多种,如调用了 sleep()方法,调用了 wait()方法,或等待输入/输出操作完成等。

5. 消亡状态(Dead)

线程运行结束后处于消亡状态,处于该状态的线程不具有继续运行的能力。使线程处于消亡状态的原因有两种:一是线程的线程体执行完毕而自然消亡;另一个原因是线程被提前强制性终止,调用线程的实例方法 stop()可强制终止运行中的线程。

6.3.5　线程间通信

1. 同步机制的实现

为了解决线程对共享资源访问的确定性,需要寻找一种机制来保证对共享数据操作的完整性,这种机制称为共享数据操作的同步。在 Java 语言中引入了"对象互斥锁"(又称为监视器、管程)来实现不同线程对共享数据的同步。"对象互斥锁"可以有效地阻止多

个线程同时访问一个共享资源。

用关键字 synchronized 来声明在一个时间只能有一个线程可以访问一个共享资源或可以执行一个方法。synchronized 有两种用法：锁定一个共享对象，锁定一个方法。

(1) 锁定一个对象

格式如下所示：

```
Synchronized(<对象名>){
    代码段;                                     //代码临界区
}
```

关键字 synchronized 为共享对象设置了一个锁，并在访问共享对象的方法中创建了一个代码临界区。所谓临界区，就是程序中不能被多个线程同时执行的代码段。当线程进入临界区之前，即执行临界区代码前，它必须首先获得该锁。

一个线程要进入 synchronized 声明临界区代码，运行时系统会检查是否有其他线程共享对象的锁，如果没有其他线程控制着共享对象的锁，Java 运行时系统就将该对象的锁授予请求线程并允许它进入临界区。如果有其他线程控制着锁，请求线程必须等待，直到当前线程离开临界区并释放所持有的锁后，请求线程才有机会获得锁，并进入临界区。

只有获得锁的线程才能执行临界区代码访问该共享对象，直到该线程访问完成后才释放所持有锁(当前线程离开临界区，锁自动释放)，其他线程才能够访问加锁的共享资源。在等待时，线程处于阻塞状态。这种同步方法可实现多个线程对单个对象的互斥访问，即在一个时刻只能有一个线程进入临界区访问被锁定的对象(共享资源)，保证了线程对共享数据操作的完整性。

(2) 锁定一个方法

线程共享的资源不仅可以是一个对象，也可以是一个变量或一个方法。用 synchronized 声明的方法是互斥方法，即一个时刻只能有一个线程可以执行该方法，其整个方法体为临界区代码。如果 synchronized 用在类声明中，则表明该类中的所有方法都是互斥方法。格式如下所示：

```
synchronized(<方法声明>){
    代码段;                                     //代码临界区
}
```

或

```
<方法声明>
    synchronized(this){
        代码段;                                 //代码临界区
}
```

2. 线程间通信的实现

为实现线程之间的通信，java. lang. Object 类提供了以下 3 种方法。

(1) wait()方法：作用是阻塞当前正在运行的线程使其进入锁等待队列，同时主动释放已持有的锁。

(2) notify()方法：作用是唤醒锁等待队列中(阻塞状态中)的一个线程并把它移入锁申请的就绪队列。

(3) notifyAll()方法：作用是唤醒锁等待队列中(阻塞状态中)的所有线程并把它们移入锁申请的就绪队列。

wait()和 notify()这两个方法要配套使用,运行中的线程因调用 wait()而被阻塞,只有由当前正在执行的线程调用 notify()方法才能使其重新进入锁申请的就绪队列。

控制线程运行的所有方法都隶属于 Thread 类,只有这 3 个方法继承于 Object 类,所有的对象都拥有这 3 个方法。因为调用这 3 个方法可阻塞正在运行的线程并释放其持有的共享对象的锁,而锁是任何对象都具有的。

调用任意对象的 wait()方法都会使运行中的线程进入阻塞状态,并且释放所持有的该对象的锁;调用任意对象的 notify()方法,都会唤醒一个因调用该对象的 wait()方法而进入锁等待状态的阻塞队列中的线程。这两个方法(wait()方法和 notify()方法)必须在 synchronized 设置的方法或块中调用,即必须在互斥方法的临界区代码段中调用,因为只有在临界区中执行的当前线程才占有锁,才有锁可以释放。

同样的道理,调用这一对方法的对象必须为当前正在运行的、拥有锁的线程对象,这样才有锁可以释放。否则,程序虽然能编译,但在运行时会出现 IllegalMonitorStateException 异常。

notify()方法和 notifyAll()的唯一区别在于,调用 notifyAll()方法将把因调用该对象的 wait()方法而进入阻塞队列的所有线程一次性全部解放并进入就绪队列。当然,只有获得锁的那一个线程才能真正运行。

下面是一个简单的线程间通信的例子,由 4 个文件组成。

(1) Storage.java 类文件

```
public class Storage {
    private int r;
    private boolean isEmpty=true;

    synchronized void put(int i){
        while(!isEmpty){
            try{
                this.wait();
            }catch(InterruptedException e){System.out.println(e.getMessage());}
        }
        r=i;
        isEmpty=false;
        notify();
    }
    synchronized int get(){
        while(isEmpty){
            try{
                this.wait();
            }catch(InterruptedException e){System.out.println(e.getMessage());}
        }
```

```
        isEmpty=true;
        notify();
        return r;
    }
}
```

(2) Generate.java 类文件

```
public class Generate extends Thread{
    private Storage s;
    public Generate(Storage s){
        this.s=s;
    }
    public void run(){
        for(int i=1;i<6;i++){
            s.put(i);
            System.out.println("Generate : "+i);
        }
    }
}
```

(3) Receive.java 类文件

```
public class Receive extends Thread{
    private Storage s;
    public Receive(Storage s){
        this.s=s;
    }
    public void run(){
        for(int i=1;i<6;i++){
            System.out.println("\t\t     Consume get: "+s.get());
        }
    }
}
```

(4) Demo.java 类文件

```
public class Demo {
    public static void main(String args[]){
        Storage s=new Storage();
        Generate g=new Generate(s);
        Receive r=new Receive(s);
        g.start();
        r.start();
    }
}
```

6.3.6 随机函数

随机函数可以通过调用 java.lang.Math.random()得到，该方法将返回一个在

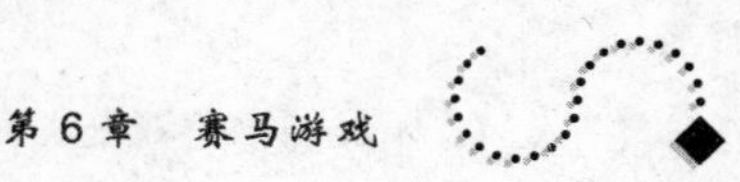

0.0(包括0.0)至 1.0(不包括 1.0)之间的双精度浮点数值。该方法的返回值表示一个伪随机数,不是真正的随机数。因为它是通过数学算法产生的,而不是通过真正的随机源而产生的。

Math.random()的返回值在 0.0 到接近 1.0 之间均匀分布。例如,若想要产生一个 1 至 10 之间的一个随机数,可以通过以下代码实现:

```
int value=(int)(Math.random()*10)+1;
```

代码中的 Math.random()方法返回了一个在 0.0 到接近 1.0 之间的随机数,乘以 10 而位于 0.0 到接近 10.0 之间。结果通过 int 强制转换为整型数值,产生一个 0~9 之间的整数。最后,结果再加上 1,使整型量的取值范围变为 1~10。所以,通常要想取得[a,b]之间的数值,可通过以下表达式来完成。

```
(Math.ramdon()*a)+b;
```

6.4　扩展实例

根据扩展知识的内容,在基础实例的基础上进行相应的修改,完善程序功能。

6.4.1　编写步骤

在 Eclipse 中建立一个项目,项目名称为 Horse_Racing,并在项目中建立一个文件包(Package),名为 com,然后在此文件包中建立以下类。

1. 赛马类程序 Horse_model.java 主要代码如下。

```
1    package com;
2    public class Horse_model extends Thread {
3          Mframe frame;
4          String Horse_num;
5          String horse_name;
6       public Horse_model(String name,Mframe frame,String Horse_num){
                                          //构造一匹赛马对象,指定其名称和场地
7          super(name);
8          horse_name=name;
9          this.frame=frame;
10         this.Horse_num=Horse_num;
11      }
12      public void run(){
13         for(int i=0;i<500;){        //绘赛马图像,其横坐标 X 从 0 逐渐增大至 770
14            frame.setHor_num(Horse_num);
15            frame.setX(i);           //设置 X 坐标
16            try {
17               int sleepTimer=(int)(Math.random()*1000)+1;
18               Thread.sleep(sleepTimer);
                      //让赛马休眠 sleepTimer 时间,该时间为 1~100 之间的随机值
19               } catch (InterruptedException e) {
20                     e.printStackTrace();
```

```
21                }
22                frame.repaint();          //根据新的 X 值重绘赛马
23                i+=20;                    //赛马的步调以 2 自增
24            }
25             frame.append(horse_name);
                     //将该匹赛马成绩计入成绩统计表,即在 frame 中定义的数组中
26        }
27    }
```

2. 窗口布局程序 Mframe.java 主要代码如下。

```
…
9   public class Mframe extends JFrame {
10        int x1;
11        int y1=50;                               //定义 1 号马的横、纵坐标,以下同
12        int x2;
13        int y2=100;
14        int x3;
15        int y3=150;
16        String[] names=new String[3];           //定义一个数组用于存放比赛名次
17        String hor_num;
18        String str="";
19
20        public String getHor_num() {
21            return hor_num;
22        }
23        public void setHor_num(String hor_num) {
24            this.hor_num=hor_num;
25        }
26        public Mframe(){
27            super("赛马游戏");
28            setLocation(40, 40);
29            setSize(600,300);
30            setVisible(true);
31            setDefaultCloseOperation(JFrame.EXIT_ON_CLOSE);
32        }
33        public void paint(Graphics g) {
34            super.paint(g);
35            Image img=getToolkit().getImage("5.gif");
36            g.drawImage(img, x1, y1, null, this);
37            g.drawImage(img, x2, y2, null, this);
38            g.drawImage(img, x3, y3, null, this);
39        }
40        public void setX(int x){
41            if (hor_num=="1") {this.x1=x;}
42            if (hor_num=="2") {this.x2=x;}
43            if (hor_num=="3") {this.x3=x;}
44        }
45        public void append(String name)
```

```
                              {//将每个到达终点的赛马及成绩计入比赛成绩(放入数组中)
46          for(int i=0;i<names.length;i++){
47              if(names[i]==null){
48                  names[i]=name;
49                  System.out.println(name+"第"+(int)(i+1)+"名");
50                  str+=name+"第"+(int)(i+1)+"名"+"\n";
51                  if (i<names.length-1) break;
52                  JOptionPane.showMessageDialog(this, str);
53                  break;
54              }
55          }
56      }
57      public String getStr() {
58          return str;
59      }
60  }
```

3. 赛马主程序 H_Racing. java 主要代码如下。

```
  …
10  public class H_Racing {
11
12      Mframe frame=new Mframe();                  //定义一个面板,作为赛马场地
13
14      Horse_model horse1=new Horse_model("no.1",frame,"1");
15      Horse_model horse2=new Horse_model("no.2",frame,"2");
16      Horse_model horse3=new Horse_model("no.3",frame,"3");
17
20      public static void main(String[] args){
21          Test1 t=new Test1();
22          t.begin();                              //定义游戏类,执行 begin 方法
23      }
24
25      public void begin(){
26          Button button=new Button("开始");   //定义一个"开始"按钮
27          frame.add(button,BorderLayout.SOUTH);     //将按钮添加在赛场的南边
28          button.addActionListener(new Listener());   //为按钮添加监听器
29      }
31      class Listener implements ActionListener{
                                          //定义一个监听器,用于监听"开始"按钮
32          public void actionPerformed(ActionEvent e){
33              horse1.start();
35              horse2.start();
36              horse3.start();
37          }
38      }
39  }
```

6.4.2 运行结果

编写完成后,可以测试程序的运行结果。图 6-5 是程序启动后的效果,当单击"开始"按钮后,会显示如图 6-6 所示的结果,每一匹"马"都是使用一个单独的线程独立运行的,所以每次运行的结果都可能不一样。当所有的"马"比赛完成后,程序运行结束,会显示如图 6-7 所示的提示,同时在如图 6-8 所示的控制台中会显示比赛结果。

图 6-5 H_Racing 程序启动后的运行结果

图 6-6 单击"开始"按钮后的运行结果

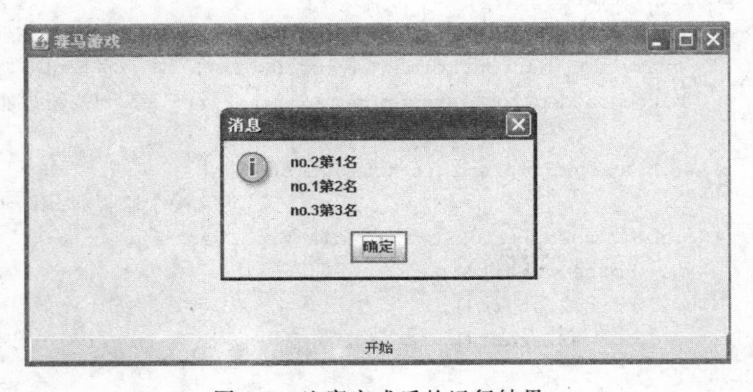

图 6-7 比赛完成后的运行结果

```
Problems  @ Javadoc  Declaration  Console
<terminated> Test1 [Java Application] C:\Program Files\Java\j
no.2第1名
no.1第2名
no.3第3名
```

图 6-8　控制台显示的比赛结果

本章实训

1. 实训目的

（1）了解 Java 多线程的程序设计方法，掌握多线程程序的编程技巧。

（2）掌握图形用户界面的编程、图形设计等。

（3）掌握 Java 线程间通信的相关知识。

2. 实训内容

更改赛马程序，使第一名赛马到达后，其他赛马便结束赛跑。

3. 实训步骤

（1）在 Eclipse 中新建项目、包和添加类文件。

（2）在项目中添加一个共享资源 Goal，当第一匹马到达终点后，将其标志位置为 false，当其他赛马得知标志位为 false 时，则进入阻塞状态，从而停止前进。

关键代码：

① Goal.java 主要代码清单

```
public class Goal {
    private boolean isArrived=false;
    synchronized void judge(){
        if(isArrived){
            try{
                this.wait();
            }catch(InterruptedException e){System.out.println(e.getMessage());}
        }
    }
    public boolean isArrived() {...}
    public void setArrived(boolean isArrived) {...}
}
```

② Horse_model.java 主要代码清单

```
public class Horse_model extends Thread {
    Mframe frame;
    String Horse_num;
    String horse_name;
    Goal s;
    public Horse_model(String name,Mframe frame,String Horse_num,Goal s){
```

```
        …
        this.s=s;
    }
    public void run(){
        for(int i=0;i<450;){                    //画赛马图像,其横坐标 x 从 0 逐渐增大至 450
            s.judge();
            …
            i+=20;
            }
        s.setArrived(true);
        }
}
```

③ Demo.java 主要代码清单

```
public class Demo {
    public static void main(String[] args){
        Mframe frame=new Mframe();          //定义一个面板,作为赛马场地
        Goal s=new Goal();                  //设置通信的共享资源
        Horse_model horse1=new Horse_model("no.1",frame,"1",s);   //构造一匹赛马
        Horse_model horse2=new Horse_model("no.2",frame,"2",s);
        Horse_model horse3=new Horse_model("no.3",frame,"3",s);
        horse1.start();                     //赛马线程开始
        horse2.start();
        horse3.start();
}
```

本章小结

通过本章的学习,读者可以了解并掌握有关 Java 多线程程序设计和数据库编程的基本方法。本章以基础实例为引导,首先介绍了有关图形的基础知识和多线程的基础知识,重点讲解了多线程的编程知识。结合前面所讲内容,将基础实例进行扩展,完成了一个基于多线程的赛马程序。

实例结合了用户界面设计、异常处理、多线程、网络程序设计和数据库编程等多方面的知识和技巧,使读者可以更进一步了解开发一个功能完善的 Java 程序的基本编程方法和设计思想。

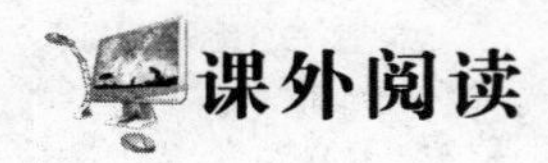

课外阅读

线程与进程

简单地说,每启动一个程序,就启动了一个进程。在 Windows 3.x 下,进程是最小运行单位。在 Windows 95/NT 下,每个进程还可以启动几个线程,比如每下载一个文件可以单独开一个线程。在 Windows 95/NT 下,线程是最小单位。Windows 的多任务特性

使得线程之间可独立运行，但是它们彼此共享虚拟空间，也就是共用变量，线程有可能会同时操作一片内存。

多线程共存于应用程序中是现代操作系统中的基本特征和重要标志。用过UNIX操作系统的读者应该知道进程，在UNIX操作系统中，每个应用程序的执行都在操作系统内核中登记一个进程标志，操作系统根据分配的标志对应用程序的执行进行调度和系统资源分配，进程和线程都是由操作系统所运行的基本单元，系统利用该基本单元实现系统对应用的并发性。

进程和线程的区别在于：线程的划分尺度小于进程，使得多线程程序的并发性较高。另外，进程在执行过程中拥有独立的内存单元，而多个线程共享内存，从而极大地提高了程序的运行效率。线程在执行过程中与进程还是有区别的。每个独立的线程有程序运行的入口、顺序执行序列和程序的出口。但是线程不能够独立执行，必须依存在应用程序中，由应用程序提供多个线程执行控制。

从逻辑角度来看，多线程的意义在于一个应用程序中有多个执行部分可以同时执行，但操作系统并没有将多个线程看做多个独立的应用来实现进程的调度和管理以及资源分配，这就是进程和线程的重要区别。

进程是最初定义在UNIX等多用户、多任务操作系统环境下用于表示应用程序在内存环境中基本执行单元的概念。以UNIX操作系统为例，进程是UNIX操作系统环境中的基本成分，是系统资源分配的基本单位。UNIX操作系统完成的几乎所有用户管理和资源分配等工作都是通过操作系统对应用程序进程的控制来实现的。

C、C++、Java等语言编写的源程序经相应的编译器编译成可执行文件后，提交给计算机处理器运行。这时，处在可执行状态中的应用程序称为进程。

从用户角度来看，进程是应用程序的一个执行过程。从操作系统核心角度来看，进程代表的是操作系统分配的内存、CPU时间片等资源的基本单位，是为正在运行的程序提供的运行环境。进程与应用程序的区别在于应用程序作为一个静态文件存储在计算机系统的硬盘等存储空间中，而进程则是处于动态条件下由操作系统维护的系统资源管理实体。在多任务环境下应用程序进程的主要特点如下。

(1) 进程在执行过程中有内存单元的初始入口点，并且进程存活过程中始终拥有独立的内存地址空间。

(2) 进程的生存期状态包括创建、就绪、运行、阻塞和死亡等。

(3) 按应用程序进程在执行过程中向CPU发出的运行指令形式不同，可以将进程的状态分为用户态和核心态。处于用户态下的进程执行的是应用程序指令，处于核心态下的应用程序进程执行的是操作系统指令。

在UNIX操作系统启动过程中，系统自动创建swapper、init等系统进程，用于管理内存资源以及对用户进程进行调度等。在UNIX环境下无论是由操作系统创建的进程还是由应用程序创建的进程，均拥有唯一的进程标识(PID)。

另外，相对进程而言，线程是一个更加接近于执行体的概念，它可以与同进程中的其他线程共享数据，但拥有自己的栈空间，拥有独立的执行序列。在串行程序基础上引入线

程和进程是为了提高程序的并发度，从而提高程序运行效率和响应时间。线程和进程在使用上各有优缺点：线程执行开销小，但不利于资源的管理和保护；而进程正相反。同时，线程适合于在 SMP 机器上运行，而进程则可以跨机器迁移。

资料来源：http://bbs.51testing.com/thread-91678-1-1.html（软件测试论谈）。

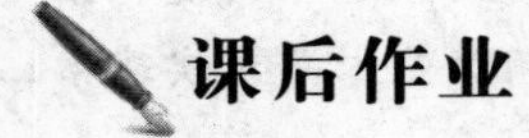

课后作业

修改扩展实例，增加两匹赛马，并在前 3 名出线之后结束比赛。

第7章

网络即时通信

引言

本章将介绍Java网络程序设计的基础知识，包括TCP和UDP两种程序设计方法，同时还将介绍Java数据库编程的一些基本知识，并综合运用上述内容给出两个网络即时通信的实例。

7.1 基础实例

本实例的功能是在两台计算机间进行即时通信，它分为两个部分：一个是被动地等待其他计算机连接的程序，称为服务器端程序(JQQServer)；另一个是主动连接服务器端的程序，称为客户端程序(JQQClient)。

7.1.1 编写步骤

在Eclipse中建立两个项目：一个称为JQQClient；另一个称为JQQServer，并分别在项目中建立一个类文件，名称与项目名相同，在类文件中输入相应的程序代码。

1. 客户端程序JQQClient.java主要代码清单

```
    …
9   public class JQQClient implements ActionListener, WindowListener {
    …
18      private static Socket server;                          //套接字
19      private static PrintWriter out;                        //输出流
20      private static BufferedReader in;                      //输入流
21
22      public void actionPerformed(ActionEvent arg0) {        //事件监听
    …
27          if(out!=null){     //如果输出流不为空，即已经打开，则输出信息
28              out.println(msg.getText());
29              out.flush();    //为了尽快发送信息，需要把输出流"清空"，即强制输出数据
30          }
31          lists.insert("   "+msg.getText()+"\n", 0);         //显示信息
```

```
32              lists.insert("我说: \n",0);
33              msg.setText(null);                            //清空信息输入区
34          }
35      }
37      public void windowClosing(WindowEvent arg0) {     //窗体关闭事件监听
...
39              out.println("#BYE@CLIENT#");                  //向服务器端发送结束通信信息
40              out.flush();
41
42              if(in!=null){                                 //关闭输入流
43                  in.close();
44                  in=null;
45              }
46              if(out!=null){                                //关闭输出流
47                  out.close();
48                  out=null;
49              }
50              if(server!=null){                             //关闭套接字
51                  server.close();
52                  server=null;
53              }
...
55      }
...
64      public static void main(String[] args){
...
66              JQQClient jqqclient=new JQQClient();
67              String ip=JOptionPane.showInputDialog("请输入 Server 端 IP 地址: ");
68              if(ip==null || ip.isEmpty())                 //如果 IP 为空,抛出错误
69                  throw new NoRouteToHostException();
70              server=new Socket(ip,12240);    //创建连接服务器端 12240 端口的套接字
71              String str;
72              state.setText("与服务器(IP: "+ip+")连接成功.");          //改变状态信息
73              in=new BufferedReader(new InputStreamReader(server.getInputStream()));
74              out=new PrintWriter(server.getOutputStream());
75
76              while(true){
77                  str=in.readLine();                        //从输入流中读取信息
78                  if(str.equals("#BYE@SERVER#")){   //接收到服务器退出信息,结束程序
79                      JOptionPane.showMessageDialog(null, "Server 端退出!");
80                      break;
81                  }
82                  lists.insert("      "+str +"\n", 0);  //将收到的信息显示出来
83                  lists.insert(ip+"说: \n",0);
84              }
...
94          }
96          public JQQClient(){                               //初始化主窗口
```

```
…
124        }
125   }
```

2. 服务器端程序 JQQServer.java 主要代码清单

```
…
9    public class JQQServer implements ActionListener, WindowListener, Runnable {
…
17        private static ServerSocket server;          //服务器套接字
18        private static Socket client;                //与客户端连接时使用的套接字
19        private static PrintWriter out;              //输出流
20        private static BufferedReader in;            //输入流
21
22        public void actionPerformed(ActionEvent arg0) {          //事件监听
…
27                if(out!=null){      //如果输出流不为空,即已经打开,则输出信息
28                    out.println(msg.getText());
29                    out.flush();    //输出流"清空",即强制输出数据
30                }
31                lists.insert("     "+msg.getText()+"\n", 0);    //显示信息
32                lists.insert("我说：\n",0);
…
35        }
37        public void windowClosing(WindowEvent arg0){  //窗体关闭事件监听
…
39                out.println("#BYE@SERVER#");         //向客户端发送结束通信信息
40                out.flush();
41                closeclient();
42
43                if(server!=null){                    //关闭套接字
44                    server.close();
45                    server=null;
46                }
…
48        }
…
57        private static void closeclient(){
…
59                if(in!=null){                        //关闭输入流
60                    in.close();
61                    in=null;
62                }
63                if(out!=null){                       //关闭输出流
64                    out.close();
65                    out=null;
66                }
67                if(client!=null){                    //关闭与客户端连接的套接字
68                    client.close();
69                    client=null;
```

```
70              }
…
72          }
74          public static void main(String[] args) {
…
76              server=new ServerSocket(12240);     //创建端口号为 12240 的套接字
77              Thread t=new Thread(new JQQServer());
78              t.start();                          //运行线程,用于接收客户端发送的信息
79              JQQServer jqqserver=new JQQServer();
80              jqqserver.InitDialog();             //初始化主窗体
…
84          }
86          public void run(){
…
91              while(true){                        //循环接收,直到主线程关闭
92                  client=server.accept();         //创建连接客户端的套接字
93                  cip=client.getInetAddress().getHostAddress();
                                                    //获取客户端的 IP 地址
94                  state.setText("与客户端(IP: "+cip+")连接成功.");
                                                    //显示客户端的 IP
95                  in = new BufferedReader (new InputStreamReader (client.
                    getInputStream()));
96                  out=new PrintWriter(client.getOutputStream());
97
98                  while(true){
99                      str=in.readLine();          //从输入流中读取信息
100                      if(str.equals("#BYE@CLIENT#")){
                                                    //客户端发送结束信息,退出通信
101                          closeclient();
102                          state.setText("等待 Client 端连接...");
103                          break;
104                      }
105                      lists.insert("     "+str+"\n", 0);
                                                    //将读取的信息显示出来
106                      lists.insert(cip+"说: \n",0);
107                  }
…
110          }
…
114          public void InitDialog(){              //绘制主窗口
…
142          }
143      }
```

7.1.2 运行结果

编写完成后,可以测试程序的运行结果。

1. 运行服务器端程序

由于服务器端程序是被动地等待客户端程序的连接,因此需要首先运行服务器端程

序。单击 JQQServer.java 编辑界面中的“运行”按钮，主窗口将会显示，其状态信息显示为“等待 Client 端连接...”，表示还没有客户端程序与其连接。

2. 运行客户端程序

由于客户端程序是主动与服务器端进行通信的，因此在服务器端程序启动成功后，才可以运行。单击 JQQClient.java 编辑界面中的“运行”按钮，首先会出现如图 7-1 所示的输入框，用户需要在这里输入服务器端程序所在计算机的 IP 地址，以便客户端程序能够正确连接。

图 7-1 客户端程序的服务器 IP 地址输入框

输入完成后，单击“确定”按钮，如果输入的 IP 地址不正确，则会显示相应的错误提示，然后退出程序。如果输入的服务器端 IP 地址正确，则可以正确连接服务器端程序，同时服务器端程序的状态信息变为“与客户端(IP：127.0.0.1)连接成功”，客户端程序显示主窗口。

用户在消息输入框中输入要发送的消息并单击“发送”按钮进行发送后，在信息显示区中会显示用户自己输入的消息和接收对方发送来的消息。客户端程序与服务器端程序通信时的界面如图 7-2 和图 7-3 所示。

图 7-2 连接成功后的客户端程序主窗口

图 7-3 连接成功后的服务器端程序主窗口

7.2 基础知识——网络程序设计基础

Java 作为一种非常流行的高级程序设计语言，对网络的支持是必不可少的。基础实例是以计算机网络通信为技术基础的，实现在两台不同位置的计算机间进行实时消息通信的功能。

7.2.1 网络基础知识

网络中的通信是以协议为基础的，协议的种类有很多种，其中最重要的就是 TCP/IP 协议集，它是在 Internet 中最常使用的协议集。

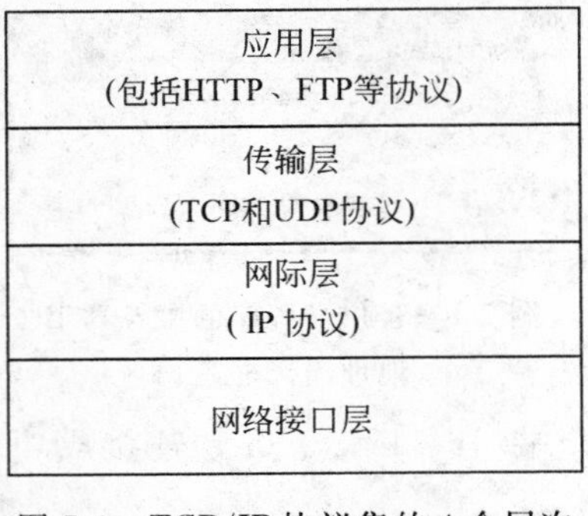

应用层 (包括HTTP、FTP等协议)
传输层 (TCP和UDP协议)
网际层 (IP 协议)
网络接口层

图 7-4 TCP/IP 协议集的 4 个层次

1. TCP/IP 协议集

TCP/IP 协议集由数十种协议组成，这些协议分属在 4 个层次上，如图 7-4 所示。

(1) 网络接口层是 TCP/IP 协议中最低的一层，主要作用是为底层的硬件设备提供驱动及对底层数据通信提供支持，对实际的网络媒体进行管理，定义如何使用实际网络来传送数据。

(2) 网际层负责提供最基本的数据封装传送功能，这层中包括一个重要的协议——网际协议(IP)，以及一个对网络通信极为重要的概念——IP 地址。

(3) 传输层负责在节点间进行数据传送，这一层中包括两个不同的传输协议：传输控制协议(Transfer Control Protocol，TCP)和用户数据报协议(User Datagram Protocol，UDP)，这两个协议使用不同的通信机制将数据包传输给另一个节点。本层同样也包含一个对网络通信非常重要的概念，即端口号(Port)。

(4) 应用层是 TCP/IP 协议中最高的层，主要作用是为用户提供各种服务，本层中包含了许多的协议以便用户使用，比如简单邮件传输协议(Simple Mail Transfer Protocol，SMTP)、文件传输协议(File Transfer Protocol，FTP)、网络远程访问协议(Telnet)、超文本传输协议(Hypertext Transfer Protocol，HTTP)等。

2. IP 地址

IP 地址是 TCP/IP 协议集中非常重要的概念之一，每一台使用 TCP/IP 协议集进行网络通信的设备都必须至少配置一个 IP 地址，用来唯一标识网络中计算机的逻辑地址，每台联网的设备都要依靠 IP 地址来标识自己。在计算机网络中，每个被传输的数据包也要包括一个源 IP 地址和一个目的 IP 地址。

现在使用较多的 IP 地址称为 IPv4 版本(另一种称为 IPv6 版本，由 128 位二进制数组成，限于篇幅原因，这里就不赘述了)，它由 32 位二进制数组成，为了方便识别和记忆，一般采用“点分十进制”的方式来表示，即将 32 位二进制数分为 4 个部分，每部分由 8 位组成，表示时将其转换为十进制数，由于 2 的 8 次方为 256，因此每个部分能表示的范围为 0(二进制的 00000000)～255(二进制的 11111111)，每个部分间使用. 分隔。比如：210.82.53.1。

IP 地址根据使用范围和用途，一般分为 5 类，即 A、B、C、D 和 E 类。其中 A、B 和 C 类是用户可以使用的 IP 地址。A 类 IP 地址的使用范围是 1.0.0.0～126.255.255.255；B 类 IP 地址的使用范围是 128.0.0.0～191.255.255.255；C 类 IP 地址的使用范围是 192.0.0.0～223.255.255.255。

在这些 IP 地址范围内，有 3 块 IP 地址空间作为私有 IP 地址使用，这些 IP 地址可以

在网络中使用，但只能在私有的局域网中使用，不能连接到 Internet 上。这些地址包括 1 个 A 类地址段，16 个 B 类地址段和 256 个 C 类地址段，范围分别是 10.0.0.0～10.255.255.255、172.16.0.0～172.31.255.255 和 192.168.0.0～192.168.255.255。

除此之外，还有一个地址段比较特殊，称为环回地址，地址段为 127.0.0.1～127.255.255.255，经常使用 127.0.0.1 表示本机自己，主要作用是在环回测试和广播测试时使用。不管本机的网络环境是否正常，只要正确地安装了网络驱动程序，环回地址都可以被使用。基础实例中服务器端与客户端的 IP 地址使用的都是环回地址。

D 类和 E 类 IP 地址有特殊的应用，D 类地址称为组播地址，供特殊协议向选定的节点发送信息时使用，而 E 类地址则保留给将来使用。

3. TCP 与 UDP

在 TCP/IP 协议集的传输层中有两种传输方式，分别对应两个协议，即 TCP 和 UDP。

TCP 是一种面向连接的协议，可以提供可靠的、基于字节流的传输服务。

面向连接意味着两个使用 TCP 的网络设备在彼此交换数据之前必须先建立一个 TCP 连接，这一过程与打电话很相似，先要拨号震铃，等待对方摘机准备好通话后，两端才可以正式通信。

由于 TCP 在通信之前需要建立连接，通信结束后需要撤销连接，因此在通信速度上比较慢，而且会占用网络设备的大量资源。另外在一个 TCP 连接中，仅有建立连接的两方能够进行通信，但是由于其先建立连接再传输数据，因此数据的传输是可靠的、有序的。

UDP 是一种面向非连接的协议，传输数据之前发送端和接收端不需要建立连接，当想要传送时就简单地将数据发送到网络上。

由于使用 UDP 传输数据时不建立连接，因此也就不需要维护连接状态，包括收发状态等，这样可以节省设备资源。UDP 传送数据的速度仅受应用程序生成数据或接收数据的速度、设备的运算能力和传输带宽的限制。另外 UDP 可以使一台源设备同时向多个接收设备传输相同的数据。

UDP 比 TCP 传输的速度快，也比较节省资源，但是由于其不建立连接就传输数据，因此不保证可靠、有序地将数据传送到接收端。

需要注意，TCP 和 UDP 只负责将数据发送给对方，对于数据的内容或格式，需要由用户自行定义。

4. 端口号与套接字

一台计算机在同一时刻可能需要连接多台其他的网络设备，如果只使用 IP 地址则无法区分每个连接，这时就需要引入一个新的概念，即端口号(Port)。端口号用在 TCP/IP 协议集的传输层中，由于传输层中有两个协议，即 TCP 和 UDP 协议，因此端口号也会被分为 TCP 端口和 UDP 端口。

计算机网络的每一个连接都使用一个不同的端口号，服务器提供的每一个服务也都使用不同的端口号予以区分。端口号使用一个整数表示，范围是 0～65535，其中前 1024 个端口号被各种服务所使用，用户一般不能使用，这些端口号称为知名端口(Well-Known Ports)。在 Windows 系列操作系统中，%SystemRoot%\system32\drivers\etc\

services 文件中记录了服务、端口和传输层协议间的对应关系。表 7-1 列举了一些比较常用的服务协议与其端口号的对应关系。

表 7-1　常用的服务协议与端口号的对应关系表

服务(协议)名称	传输层协议	端口号
Telnet(远程终端服务)	TCP	23
SMTP(简单邮件传输协议)	TCP	25
HTTP(超文本传输协议)	TCP	80
POP3(邮局协议第三版)	TCP	110
NTP(网络时间协议)	UDP	123
SNMP(简单网络管理协议)	UDP	161

在网络通信过程中,为了使两台网络设备之间能够正确连接和传输数据,每个网络设备上都需要使用一个称为套接字(Socket)的接口,它一般由设备的 IP 地址和一个端口号组成。在使用时服务器端套接字中的端口号一般是固定不变的,而客户机套接字中的端口号则是随机生成的。

7.2.2　基于 TCP 的网络编程

在 Java 中使用 TCP 进行网络连接时,必须要在服务器端和客户端分别创建套接字,然后使用指定的方法进行连接和通信,使用完毕后,需要关闭已经打开的套接字,其步骤如图 7-5 所示。

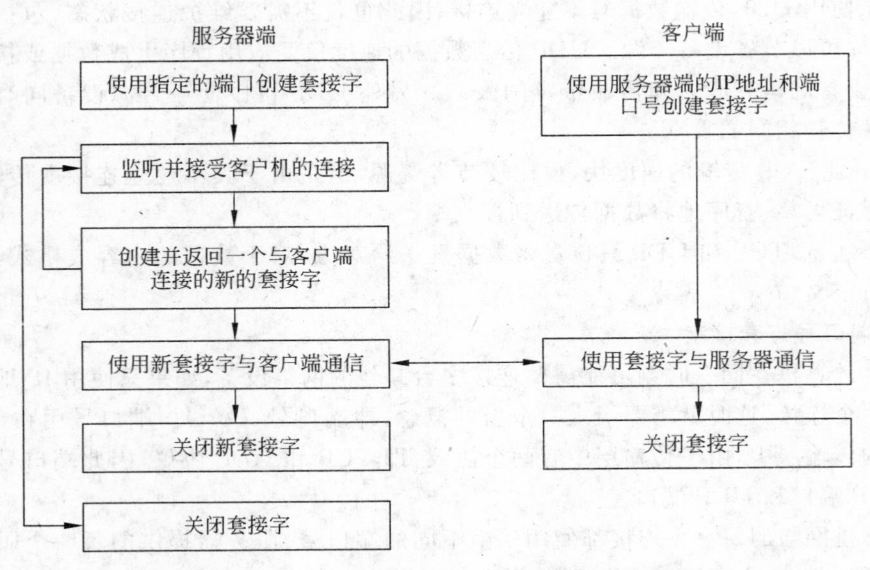

图 7-5　在 Java 中使用 TCP 进行网络连接的步骤

1. 服务器套接字

服务器端使用 java. net 包中提供的 ServerSocket 类实现服务器套接字，java. net 包中提供了几乎所有有关网络的类和接口。服务器套接字有 4 种构造方法，表 7-2 中列出了构造方法及相应的说明。

表 7-2　ServerSocket 类的 4 种构造方法及其说明

构 造 方 法	说　明
ServerSocket()	创建非绑定服务器套接字，其没有与任何一个端口绑定，创建完成后，必须使用 bind()方法将套接字与特定的 IP 地址和端口号绑定
ServerSocket(int port)	创建绑定到特定端口的服务器套接字。如果端口号为 0，则表示可以在某一个空闲的端口上创建套接字
ServerSocket(int port, int backlog)	利用指定的最大队列长度值创建服务器套接字并将其绑定到指定的本地端口号。其中 backlog 参数表示最大连接队列长度，如果队列满(即连接数大于 backlog)，则拒绝以后的连接
ServerSocket(int port, int backlog, InetAddress bindAddr)	使用指定的端口、最大队列长度值和要绑定到的本地 IP 地址创建服务器套接字。InetAddress 类表示网际协议 (IP)地址

在基础实例中使用 12240 作为服务器端的指定端口(JQQServer. java 第 76 行)，但前提是此端口没有被其他应用程序所占用，如果其他应用程序使用了这个端口，服务器端程序在启动运行时会抛出 BindException 异常，捕获并显示此异常的对话框，如图 7-6 所示。

图 7-6　显示端口地址已经被使用的异常信息对话框

服务器套接字创建成功后，使用 accept()方法等待客户端通过网络连接的请求(JQQServer. java 第 92 行)。accept()方法没有参数，它一旦被执行就一直阻塞，直到客户端发送一个连接请求给服务器，它才解除阻塞，并返回一个已经与客户端建立了连接的使用 Socket 类实现的新套接字。

通过使用操作系统提供的网络连接状态查看命令 netstat-a，如图 7-7 所示，可以看到服务器有两个连接，都使用 12240 端口(图中框处)，其中一个的状态是 LISTENING，表示继续监听其他客户机的连接，此套接字使用的就是服务器套接字；另一个的状态是 ESTABLISHED，表示已经与 IP 地址为 127.0.0.1 的客户机建立了网络连接，客户端使用的端口号是 1028，此套接字使用的是调用 accept()方法后产生的新套接字。

服务器端与客户端的连接建立成功后，一般都使用新套接字进行数据通信或是获取信息，而服务器端套接字可以继续进行监听，以便为其他客户机提供连接服务，这种模式称为多客户机对服务器的并发访问。

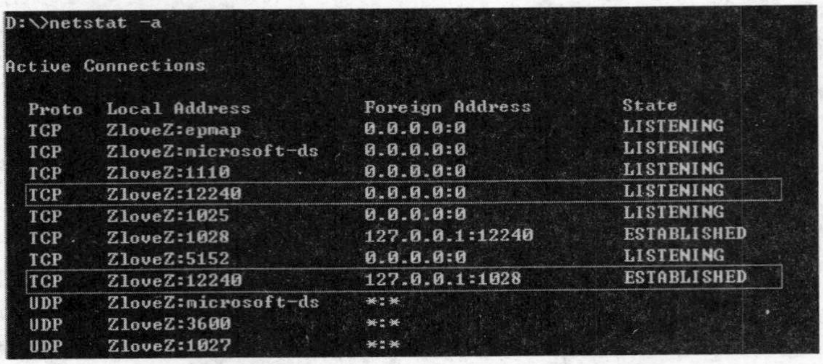

```
D:\>netstat -a

Active Connections

  Proto  Local Address          Foreign Address        State
  TCP    ZloveZ:epmap           0.0.0.0:0              LISTENING
  TCP    ZloveZ:microsoft-ds    0.0.0.0:0              LISTENING
  TCP    ZloveZ:1110            0.0.0.0:0              LISTENING
  TCP    ZloveZ:12240           0.0.0.0:0              LISTENING
  TCP    ZloveZ:1025            0.0.0.0:0              LISTENING
  TCP    ZloveZ:1028            127.0.0.1:12240        ESTABLISHED
  TCP    ZloveZ:5152            0.0.0.0:0              LISTENING
  TCP    ZloveZ:12240           127.0.0.1:1028         ESTABLISHED
  UDP    ZloveZ:microsoft-ds    *:*
  UDP    ZloveZ:3600            *:*
  UDP    ZloveZ:1027            *:*
```

图 7-7　计算机网络连接状态列表

本章中的基础实例只完成了一台服务器与一台客户机间的通信，对于多客户机的并发访问功能，读者可以参考本章实训中的内容。

程序结束退出时，应当使用 close( ) 方法关闭服务器套接字（JQQServer. java 第 44 行）。

2. 套接字

客户端使用 Socket 类实现套接字，服务器端套接字使用 accept()方法也会产生一个套接字，用于实现和客户端间的通信。套接字有多种构造方法，表 7-3 中列出了常用的 5 种构造方法及相应的说明。

表 7-3　Socket 类常用的 5 种构造方法及其说明

构造方法	说　明
Socket()	创建未连接套接字，之后需要使用 connect 方法连接服务器套接字
Socket(InetAddress address, int port)	创建一个流套接字并将其连接到指定 IP 地址的指定端口号。InetAddress 类表示 IP 地址
Socket(InetAddress address, int port, InetAddress localAddr, int localPort)	创建一个套接字并将其连接到指定远程地址上的指定远程端口。address 参数为远程服务器的 IP 地址，port 为其端口号，localAddr 表示要将套接字绑定到的本地地址，localPort 表示要将套接字绑定到的本地端口
Socket(String host, int port)	创建一个流套接字并将其连接到指定主机上的指定端口号
Socket(String host, int port, InetAddress localAddr, int localPort)	创建一个套接字并将其连接到指定远程主机上的指定远程端口。address 参数为远程服务器的 IP 地址，port 为其端口号，localAddr 表示要将套接字绑定到的本地地址，localPort 表示要将套接字绑定到的本地端口

在基础实例中，客户端通过指定的 IP 地址与端口号创建套接字（JQQClient. java 第 70 行），服务器端则通过使用服务器套接字的 accept()方法创建套接字（JQQServer. java 第 92 行）。如果服务器端没有启动，或用户输入的 IP 地址不正确，套接字将无法正常创建，会抛出相应的异常。

套接字创建成功后，可以通过套接字获取配置信息，例如可以使用 getInetAddress()方法获取客户端的 IP 地址等信息(JQQServer.java 第 93 行)，也可以实现服务器与客户机间的数据通信。

与服务器套接字一样，在套接字使用完成后，应该使用 close()方法将其关闭(JQQClient.java 第 51 行等)。

3. 数据传输

TCP 的通信方式采用流式 I/O 模式，套接字提供了两个流：一个输入流和一个输出流。getInputStream()方法用于获取输入流，getOutputStream()方法用于获取输出流。但由于这两种方法获取到的都是原始字节流，在输入输出控制上比较麻烦，因此在程序中使用 java.io 包中提供的 BufferedReader 类和 PrintWriter 类将原始字节流变为比较好控制的字符缓冲流和字符打印流(JQQServer.java 第 95 行和第 96 行)。

流转换完成后，程序可以使用字符缓冲流中的 readLine()方法读取另一端发送来的信息(JQQServer.java 第 99 行等)，也可以使用字符打印流中的 println()方法发送信息(JQQServer.java 第 28 行等)。需要注意，输出操作在调用 println()方法发送信息后，信息并不一定能被马上发送出去，因此在调用该方法后，还需要调用刷新流缓冲的方法 flush()来使信息立即被发送(JQQServer.java 第 29 行等)。

只在两台计算机之间进行通信，其信息格式可以设计得比较简单，里面不需要包含额外的内容，只需要传输用户输入的内容(JQQServer.java 第 28 行和 JQQClient.java 第 28 行等)。对于一些控制性的信息，可以使用事先定义好的格式内容，比如服务器端向客户端发送服务器程序退出信息(JQQServer.java 第 39 行)和客户端发送的客户程序退出信息(JQQClient.java 第 39 行等)。

I/O 流在使用完毕后，也要使用 close()方法将其关闭(JQQClient.java 第 43 行等)。

7.2.3　基于 UDP 的网络编程

用户数据报协议是一种无连接的通信协议，在传输之前不需要进行连接，因此使用起来比 TCP 方式要简单，速度也比较快。数据报仅根据报中包含的信息从一台机器经路由到另一台机器，由于从一台机器发送到另一台机器的多个数据报可能选择不同的路由，也可能按不同的顺序到达，因此它不对数据报投递做出任何保证，包括是否能够到达目的端，所有的确认操作必须由用户自己完成。

1. 用户数据报套接字

包 java.net 中提供了两个类 DatagramSocket 和 DatagramPacket 用来支持数据报通信，DatagramSocket 用于在程序之间建立传送数据报的套接字，表 7-4 中列出了其常用的 4 种构造方法及相应的说明。

使用指定端口号的方式创建数据报套接字时，要保证这个端口号是没有使用过的，即不会发生端口冲突，否则将会抛出 SocketException 类异常。注意这个异常在程序中必须进行处理。

表 7-4 DatagramSocket 类常用的 4 种构造方法及其说明

构造方法	说明
DatagramSocket()	构造数据报套接字并将其绑定到本地主机上任何可用的端口上。客户端程序在构造数据报套接字时经常使用这种构造方法
DatagramSocket(int port)	创建数据报套接字并将其绑定到本地主机上的指定端口，其中参数port用于指定所使用的端口号。服务器端程序由于需要固定的端口号，因此常用这种构造方法
DatagramSocket(int port, InetAddress laddr)	创建数据报套接字，将其绑定到指定的本地地址。InetAddress 类表示IP 地址
DatagramSocket(SocketAddress bindaddr)	创建数据报套接字，将其绑定到指定的本地套接字地址。SocketAddress类表示不带任何协议附件的套接字地址

创建数据报套接字的语句如下所示：

```
DatagramSocket socket=new DatagramSocket();
```

小提示

一般服务器端在创建数据报套接字时会指定一个固定的端口，以便客户机在发送时使用。客户机在创建数据报套接字时不需要指定端口号，由系统随意指定一个未被使用的端口号。

数据报套接字创建成功后，就可以在服务器和客户机间进行数据的接收和发送操作。由于基于 UDP 的通信方式不需要服务器和客户机在通信之前进行连接，因此在每个发送的数据报里都要包括接收方的 IP 地址和端口号，这些内容和要发送的数据可以由用户数据报类 DatagramPacket 封装，然后当做数据报套接字的接收方法 receive()或发送方法 send()的参数使用。

数据报套接字在程序结束时也需要使用 close()方法进行关闭操作。

2. 用户数据报包

UDP 在通信时需要传输接收方的 IP 地址、端口号和数据，为了方便应用，Java 提供了一个用户数据报类 DatagramPacket，它可以将这些内容封装在一起，然后使用 DatagramPacket 类的对象作为传输数据的载体。表 7-5 中列出了其常用的 3 种构造方法及相应的说明。

下面的语句定义了一个用于接收数据的用户数据报，并使用用户数据报套接字的接收方法 receive()接收数据。

```
byte[] buf=new byte[256];                          //定义一个用于接收数据的缓冲区
DatagramPacket packet=new DatagramPacket(buf, buf.length);
socket.receive(packet);
```

表 7-5 DatagramPacket 类常用的 6 种构造方法及其说明

构造方法	说明
DatagramPacket(byte[] buf, int length)	构造 DatagramPacket,用来接收长度为 length 的数据报
DatagramPacket(byte[] buf, int length, InetAddress address, int port)	构造数据报,用来将长度为 length 的报发送到指定主机上的指定端口号
DatagramPacket(byte[] buf, int offset, int length)	构造 DatagramPacket,用来接收长度为 length 的报,在缓冲区中指定了偏移量
DatagramPacket(byte[] buf, int offset, int length, InetAddress address, int port)	构造数据报,用来将长度为 length、偏移量为 offset 的报发送到指定主机上的指定端口号
DatagramPacket(byte[] buf, int offset, int length, SocketAddress address)	构造数据报,用来将长度为 length、偏移量为 offset 的报发送到指定主机上的指定端口号
DatagramPacket(byte[] buf, int length, SocketAddress address)	构造数据报,用来将长度为 length 的报发送到指定主机上的指定端口号

构造一个发送数据的用户数据报时,其参数会多一些,需要指定接收方的 IP 地址和端口号,可以使用 InetAddress 类指定 IP 地址的信息,同时使用一个整数指定端口号;或是使用 SocketAddress 类组合指定 IP 地址和端口号的信息。使用前一种方法构造用户数据报并使用用户数据报套接字的发送方法 send()发送数据的语句如下:

```
//将 buf 数组中的内容发送到主机 192.168.1.1 的 12240 端口
DatagramPacket packet=new DatagramPacket(buf, buf.length,
    InetAddress.getByName("192.168.1.1"), 12240);
socket.send(packet);
```

小提示

如果是构造一个接收的用户数据报,则不需要在参数中指明 IP 地址和端口号;如果是构造一个发送的用户数据报,则必须要指定接收方的 IP 地址和端口号,以便准确发送。当接收方收到一个用户数据报后,可以使用用户数据报的 getAddress()方法获取发送端的 IP 地址,使用 getPort()方法获取发送端的端口号。

在构造发送的用户数据报时,要给出 InetAddress 类参数,用于表示网际协议地址(即 IP 地址)。类 InetAddress 在包 java.net 中定义,可以通过它提供的类方法 getByName()获取该主机的 IP 地址,此方法有一个表示主机名或 IP 地址的字符串类型参数。

7.3 扩展知识——数据库编程

现在比较成熟的网络通信软件都能够较好地管理用户,保存用户信息,同时还能长期存储用户输入的内容,比如 QQ、MSN 等工具都需要用户注册登录后才能使用,并能够查询以前的通信记录,为了完成这些功能,需要使用数据库。Java 提供了连接数据库系统和处理数据的相应方法。

7.3.1 数据库简介

数据库系统是一个存储、维护和管理大量数据的软件系统，通常由数据库管理系统、数据库和数据库管理员组成。现在比较流行的数据库有 Oracle、SQL Server、MySQL 和 Access 等。

数据库中最主要的存储对象是数据表，所有的数据都存储在其中。数据表是由行和列组成的一个二维表空间，列中存放了具有相同数值类型的数据，在数据库中将列称为字段，如果某一个字段中的值是唯一的，此字段可以当做主关键字用于记录的定位或索引；行中存放了一条由不同数据类型的数据组成的数据集合，用于表示一条完整的信息，在数据库中将行称为记录。

不同的数据库在规模、管理和安全上会有很大的不同，因此为了便于统一操作，需要使用一种可以用在任何关系型数据库中的语言，这种语言称为结构化查询语言(Structured Query Language，SQL)。在 Java 程序中通过使用这种语言可以方便地访问数据库中的各种数据，对其进行相应的操作。

结构化查询语言是一种数据库查询和程序设计语言，用于存取数据以及查询、更新和管理关系型数据库系统。根据实现的功能不同，可以将 SQL 语言分为 4 类。

(1) 数据查询语言(Data Query Language，DQL)：用于对数据库中的数据进行查询操作的 SQL 语言。

(2) 数据操作语言(Data Manipulation Language，DML)：用于对数据库中的数据进行创建、修改和删除操作的 SQL 语言。

(3) 数据定义语言(Data Definition Language，DDL)：用于对数据库中的对象进行创建、修改和删除操作的 SQL 语言。

(4) 数据控制语言(Data Control Language，DCL)：用于对数据库进行控制和操作的 SQL 语言。

小提示

限于篇幅的原因，本书只对主要的数据查询语言和数据处理语言进行简单讲解，有兴趣深入学习的读者可参阅有关数据库原理或应用的文档资料。

在涉及访问数据库的 Java 程序设计中，最主要的 SQL 语句有以下几个。

1. SELECT

本语句的功能是查询并显示指定条件的记录集，其语法格式如下：

```
SELECT< * |字段名列表>FROM 表名 WHERE 条件
```

其中 SELECT、FROM 和 WHERE 是关键字，必须正确填写。* 表示符合条件记录的全部字段内容，“字段名列表”列出需要显示的字段名称，字段名称之间使用逗号分隔，* 和“字段名列表”必须选择一个使用。“表名”指要访问的数据表名称。

查询条件放在 WHERE 语句后的“条件”中，如果有多个查询条件，可以使用 AND(与)或 OR(或)来连接。

下面的 SELECT 语句用于查询 user 数据表中 islogin 字段等于 1 的记录，并显示符

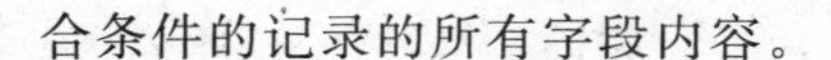

合条件的记录的所有字段内容。

```
SELECT * FROM user WHERE islogin=1
```

2. INSERT

本语句的功能是向指定数据表中增加记录，其语法格式如下：

```
INSERT INTO 表名(字段列表) VALUES(值列表)
```

INSERT INTO 和 VALUES 是本语句的关键字。“表名”指定要增加记录的表名称。“(字段列表)”指定了新增加的记录要包含哪些字段，字段之间需要用逗号分隔开，如果包含全部字段，则这个部分可以省略不写。“值列表”中给出与“(字段列表)”对应的值，值与值之间也需要使用逗号分隔。

下面的例子表示向表 user 中增加一条记录，其中 id 字段的值为 001，name 字段的值为 TOM：

```
INSERT INTO user(id,name) VALUES('001','TOM')
```

3. UPDATE

本语句的功能是修改表中指定记录的指定字段的内容，其语法格式如下：

```
UPDATE 表名 SET 字段名=值 WHERE 条件
```

UPDATE、SET 和 WHERE 是本语句的关键字，“表名”指定要修改的表的名称。“字段名”指定要修改的字段名称。“值”是需要修改的字段的新值。“条件”表示修改条件，只有符合条件的记录才能修改其相应字段。

下面的例子表示将表中 id 号为 001 的记录的 name 字段值改为 Jerry：

```
UPDATE user SET name='Jerry' WHERE id='001'
```

4. DELETE

本语句的功能是从表中删除指定的记录，其语法格式如下：

```
DELETE FROM 表名 WHERE 条件
```

DELETE、FROM 和 WHERE 是本语句的关键字，“表名”指定要删除记录的表。“条件”表示删除条件。

下面的例子表示将表中 id 号为 001 的记录删除：

```
DELETE FROM user WHERE id='001'
```

7.3.2　MySQL 数据库简介

MySQL 是一个中小型关系型数据库管理系统，它是由瑞典 MySQLAB 公司开发的，在 2008 年年初被 SUN 公司收购。由于其体积小、速度快、开发与维护成本低，尤其是开放源码这一特点，许多中小型网站和应用程序为了降低总体成本都选择 MySQL 作为数据库，MySQL 被广泛地应用在各个领域。

MySQL 最新的版本是 5.1,读者可以到 MySQL 官方站点 http://www.mysql.com(如图 7-8 所示)下载安装软件和查看相关的文档资料。

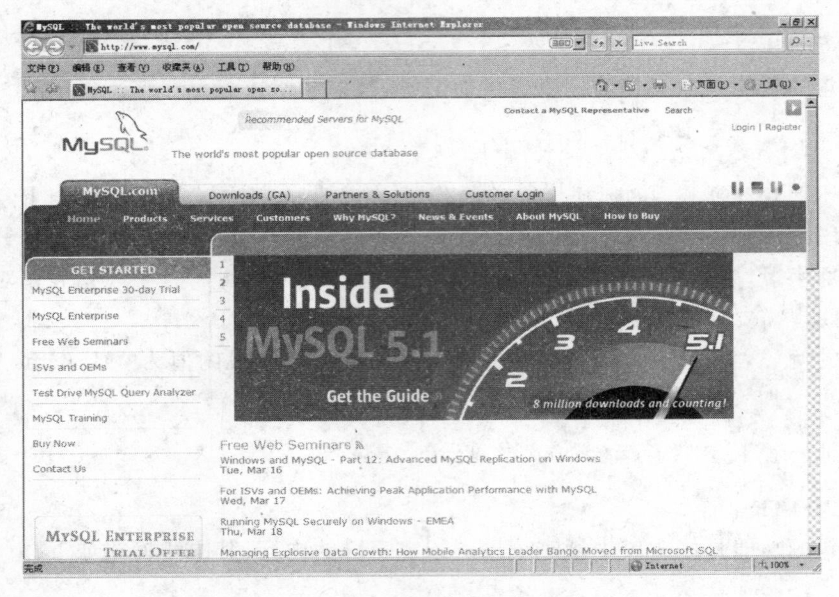

图 7-8　MySQL 官方站点主页

MySQL 一般只提供命令行的操作方式,对于用户来说不是很方便,可以使用 phpMyAdmin 软件,对 MySQL 数据库进行图形化的操作。

phpMyAdmin 的官方网站是 http://www.phpmyadmin.net(如图 7-9 所示),它是一个免费软件,用户可以自由地下载和使用。

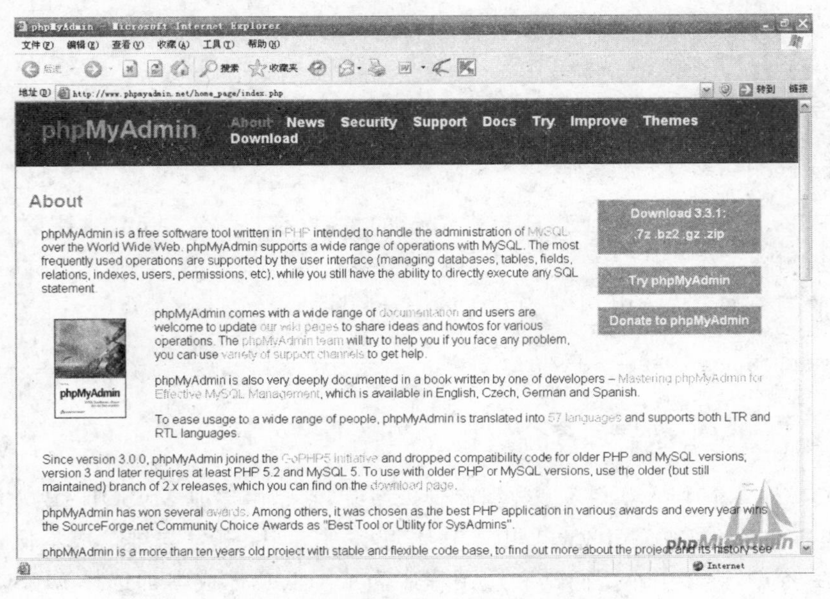

图 7-9　phpMyAdmin 官方站点主页

phpMyAdmin的使用是通过浏览器完成的，首先配置好Web服务器，并将phpMyAdmin放在Web服务器指定的网站根目录中，在浏览器的地址栏中输入http://127.0.0.1/phpMyAdmin/，在登录主页的"用户名"文本框中输入root，在"密码"文本框中输入指定的密码，就可以登录phpMyAdmin并操作MySQL数据库了。phpMyAdmin的登录主页如图7-10所示。

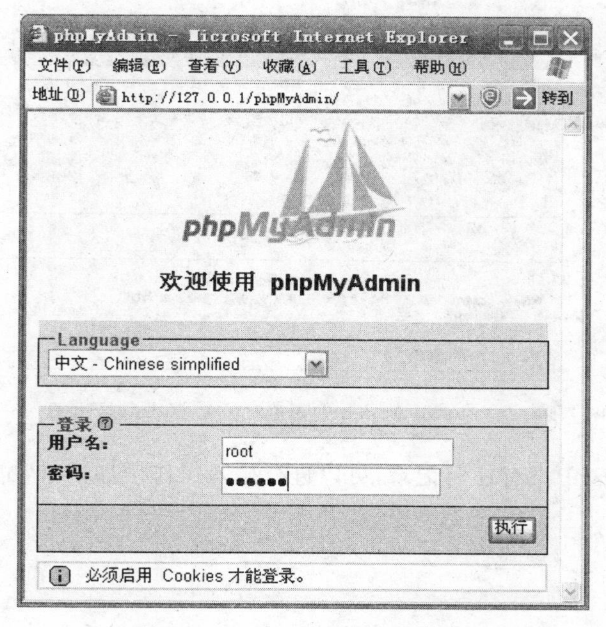

图7-10　phpMyAdmin登录主页

小提示

phpMyAdmin软件是在B/S(浏览器/服务器)模式下运行的，因此首先要配置一个Web服务器，比如IIS或Apache。也可以使用PHP套件包(比如PHPnow，官方网址为http://www.phpnow.org/)，MySQL和phpMyAdmin等软件都已经被集成到一起，并进行了简单的配置，下载后一般可以直接使用。

进入phpMyAdmin后，首先要建立一个数据库，在页面右侧的"新建数据库"文本框中输入新的数据库的名称，然后单击"确定"按钮，成功后，在页面左侧部分会显示出新建的数据库名称和一个用括号括起来的数字0，这个0表示数据库中有0个数据表。

由于没有数据表，因此右侧会出现新建数据表页面，在其中可以输入要新建的数据表名称和这个数据表包含的字段数(字段数可以在以后进行增减)。

输入数据表名称和相应的字段数后，即可设置具体的字段属性，包括字段名称、类型、长度、是否是主关键字等。设置完成后，单击"保存"按钮。如果设置的名称和属性等内容正确，则会出现图7-11所示的页面，其右侧上半部分主要显示使用SQL语言建立数据表的语句，下半部分以表格形式显示表中各个字段的名称和属性信息。

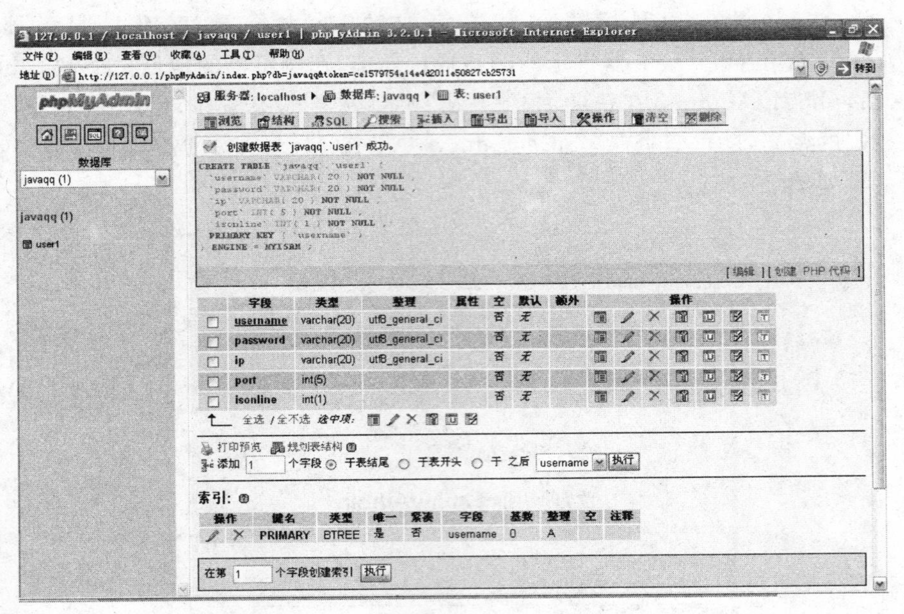

图 7-11　在 phpMyAdmin 中正确建立数据表后显示的内容

新创建的数据表中没有任何记录，可以进行插入操作增加记录，也可以在程序中使用SQL 语句操作记录。

小 提 示

在 MySQL 中使用 SQL 语句时，表名和字段名一般使用反引号(`)括起来，以便区分MySQL 中的关键字。

7.3.3　JDBC 概述

JDBC(Java Database Connectivity，Java 数据库连接)由一组用 Java 语言编写的类和接口组成，是一种用于在关系型数据库系统中执行 SQL 语句的 Java 应用程序接口(Java API)，是实现 Java 语言和各种数据库之间独立连接的工业标准。

JDBC 为程序开发人员提供了一个标准的 API，使他们能够用纯 Java API 的方式编写数据库应用程序，为各种关系型数据库系统提供统一的 Java 程序访问接口。简单地说，JDBC 可以完成 3 项工作：创建与数据库的连接、发送需要执行的 SQL 语句和处理数据库返回的结果。

JDBC 驱动是用于特定数据库的一套实现了 JDBC 接口的类集，共有 4 种类型的JDBC 驱动。

(1) JDBC-ODBC 桥驱动。这种类型的驱动能使客户端通过 JDBC 调用连接到一个使用 ODBC 驱动的数据库，使用这类驱动需要每个客户机都装上数据库对应的 ODBC 驱动，但该 ODBC 驱动不一定要跟 Java 兼容。

(2) 本地 API 部分 Java 驱动。这种方式是将 JDBC 的调用转换为特定数据库的调用。

(3) JDBC网络纯Java驱动。这种类型能将JDBC的调用转换为独立于数据库的网络协议,其特别适合于具有中间件的分布式应用,但目前这类产品不多。

(4) 本地协议纯Java驱动。这种类型能将JDBC调用转换为数据库直接使用的网络协议,其不需要安装客户端软件,是100%的Java程序,使用Java套接字来连接数据库。

如果需要使用Java与某一个数据库系统建立连接,并进行相应的数据操作,则需要进行下面的几个步骤。

1. 装载驱动程序

装载驱动程序只需要非常简单的一行代码。比如使用Java直接连接MySQL数据库时,装载驱动的语句如下所示:

```
Class.forName("com.mysql.jdbc.Driver");
```

2. 建立与数据库的连接

与数据库建立连接的方式前面已经介绍了,由于MySQL数据库是网络数据库的一种,新版本提供了使用网络套接字来连接数据库的方式,所以可以使用本地协议纯Java驱动方式连接数据库。

在建立与数据库连接之前要先声明两个接口:Connection和Statement,它们都定义在java.sql中,然后使用管理一组JDBC驱动程序的基本服务类DriverManager中的getConnection()方法建立到指定数据库的URL连接,这个方法的参数是一个以jdbc:mysql开头,后面指明数据库IP地址、用户名和密码的字符串。

成功建立了与数据库的连接后,还需要使用Connection对象的createStatement()方法创建一个Statement对象以将SQL语句发送到数据库中。

建立与MySQL数据库连接的语句如下所示,注意在程序结束前应该使用close()方法关闭已经创建的对象。

```
String url="jdbc: mysql: //127.0.0.1/javaqq?user=root&password=123456";
conn=DriverManager.getConnection(url);
stmt=conn.createStatement();
```

3. 执行SQL语句

Statement对象用于执行静态SQL语句并返回它所生成的结果,由于执行SQL语句的目的不同,因此这个对象提供了执行SQL语句的多种方法。

SELECT语句根据查询条件从数据表中"取出"结果值,因此要使用可以返回结果集的executeQuery()方法。这个方法将执行给定的SQL语句,并返回查询到的结果集,结果集存放在ResultSet对象中。

ResultSet类表示数据库结果集的数据表,通常通过执行查询数据库的语句生成。ResultSet对象中提供了多种读取、操作数据表中记录的方法,表7-6中列出了常用的几种方法及其说明。

表 7-6 **ResultSet 类常用的方法及其说明**

方 法 名	说 明
close()	立即释放此 ResultSet 对象的数据库和 JDBC 资源
getInt(int columnIndex)	以 Java 编程语言中 int 的形式获取此 ResultSet 对象的当前记录中指定列号的值
getInt(String columnLabel)	以 Java 编程语言中 int 的形式获取此 ResultSet 对象的当前记录中指定字段名称的值
getString(int columnIndex)	以 Java 编程语言中 String 的形式获取此 ResultSet 对象的当前记录中指定列号的值
getString(String columnLabel)	以 Java 编程语言中 String 的形式获取此 ResultSet 对象的当前记录中指定字段名称的值
next()	将数据表记录指针从当前位置向下移动一条记录，如果到达数据表尾则返回假值，否则返回真值

下面的语句表示查询 user 表中 isonline 字段值为 1 的全部记录，并显示字段 ip 的内容。

```
ResultSet rs=stmt.executeQuery("SELECT * FROM `user` WHERE `isonline`=1");
while(rs.next()){
    JOptionPane.showMessageDialog(null, rs.getString("ip"));
}
```

如果不需要返回结果集，比如执行 INSERT、UPDATE 和 DELETE 等 SQL 语句时，可以使用 Statement 对象的 execute()方法执行给定的 SQL 语句，返回被影响记录的条数。下面的语句表示删除 user 表中的全部记录。

```
int i=stmt.executeUpdate("DELETE FROM 'user'");
```

7.3.4 在 Eclipse 中增加 MySQL 数据库的支持

在 Eclipse 中编译程序，需要将支持 MySQL 数据库的 JDBC 包添加到项目的构建路径中。MySQL 5.1 的 JDBC 驱动程序是 mysql-connector-java-5.1.2-beta.zip，可以通过网络下载，解压缩后放到 JDBC 驱动程序的位置(比如放在 C:\eclipse-SDK-3.4.1-win32\目录下)。

然后建立 Java 项目，并选择菜单中的“项目”→“属性”命令，在打开的“JavaQQ 2.0 属性”对话框中，选择左侧的“Java 构建路径”选项并单击“添加外部 JAR”按钮，在打开的“选择 JAR”对话框中查找并选择 mysql-connector-java-5.1.2-beta-bin.jar 文件，这时构建路径中会显示出 jdbc4mysql 项目，如图 7-12 所示。添加完成后单击“确定”按钮返回编辑视图，这时就可以编写程序访问 MySQL 数据库了。

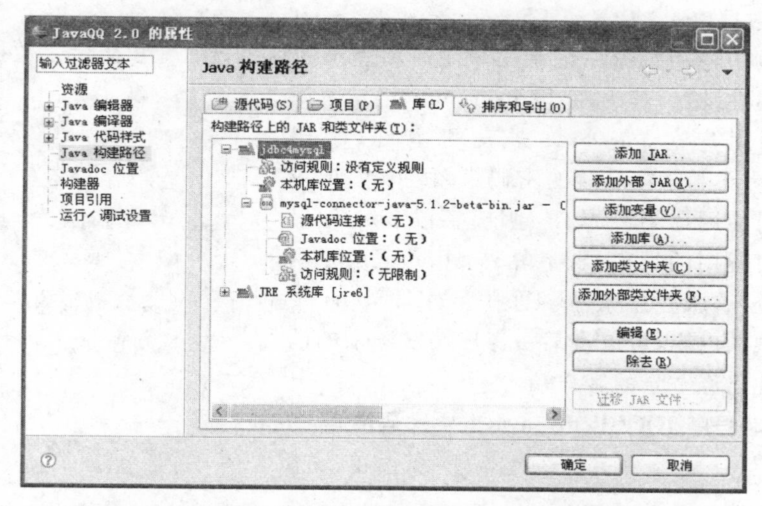

图 7-12　"JavaQQ 2.0 属性"对话框的"Java 构建路径"选项内容

7.4　扩展实例

基础实例中的程序只能实现两台计算机间的即时通信，本节将结合扩展知识中的数据库技术，对基础实例中的程序进行修改和完善，在其中增加用户注册和登录功能，这可以使用户在多台计算机间进行即时通信。

扩展实例同样包含两个部分，一个是服务器端程序(JQQServer.java)，其主要功能如下。

(1) 接受客户机的注册和登录请求，并在数据库中进行相应的操作。

(2) 客户机正确登录后，在用户列表中列出客户机的信息。

(3) 接收已登录客户机发送来的消息，并将消息转发给其他已经登录的客户端程序。

(4) 监听客户机的关闭请求，并在用户列表及数据库中完成相应的操作。

另一个是客户端程序(JQQClient.java)，其通过用户输入的 IP 地址与服务器端程序相连接，并将用户输入的消息发送给服务器端，同时接收服务器端发送来的其他客户机的消息。

7.4.1　编写步骤

在 Eclipse 中建立一个项目，名称为 JavaQQ2.0，在项目中新建两个包，一个名称是 JQQClient，另一个名称是 JQQServer，然后再在两个包中分别建立一个类文件，名称与包名相同。按照 7.3.4 小节所介绍的方法在项目中增加对 MySQL 数据库的支持。

TCP 和 UDP 通信方式都支持并发访问，即多用户同时访问，但是由于在编写程序时 TCP 比 UDP 需要编写更多的语句，因此扩展实例没有沿用基础实例中使用的 TCP 通信方式，而是改用了易于实现的 UDP 通信方式。

1. 创建数据库

在本实例中使用数据库记录用户注册和登录的信息，图 7-13 显示了数据表 user 中主要字段的属性设置，其中，字段 username 记录了用户登录时的用户名，是本数据表的主键；字段 password 记录了用户登录时的密码；字段 ip 中记录了用户登录时使用计算机的 IP 地址；字段 port 记录了用户登录时使用的端口号；字段 isonline 记录了用户是否已经登录，服务器端程序通过 ip 字段、port 字段和本字段中的内容，可以将某一客户端发送来的消息发送给其他已经登录的客户端。

字段	类型	空	默认
username	varchar(20)	否	无
password	varchar(20)	否	无
ip	varchar(20)	是	NULL
port	int(5)	是	0
isonline	int(1)	否	无

图 7-13　user 数据表中主要字段的属性设置

2. 客户端程序 JQQClient.java 主要代码清单

```
    …
8     public class JQQClient implements ActionListener, WindowListener, Runnable {
    …
26        private static DatagramSocket socket=null;            //定义数据报套接字
28        private static String flagstr=null;          //存放接收信息中的标志信息
29        private static String userstr=null;          //存放接收信息中的用户名信息
30        private static String ipstr=null;            //存放接收信息中的 IP 地址信息
31        private static String str=null;              //存放接收信息中的内容信息
33        private static Thread t;
34
35        public void run(){
36            while(true){
37                recvdata();                                          //接收信息
38                if(flagstr.equals("!SAYALL.@SERVER!")){      //显示信息
39                    lists.insert("     "+str +"\n", 0);
40                    lists.insert(userstr+"("+ipstr+")说: \n",0);
41                }
42                else if(flagstr.equals("!BYEBYE.@SERVER!")){
                                                        //如果服务器退出,则退出程序
    …
45                }
    …
52        private boolean senddata(String str){
    …
55                buf=str.getBytes();
56                //创建数据报报文
57                DatagramPacket packet=new DatagramPacket(buf, buf.length,
                          InetAddress.getByName(ip.getText()), 12240);
58                socket.send(packet);                                 //发送信息
59                return true;
    …
67        }
69        private static void recvdata(){
```

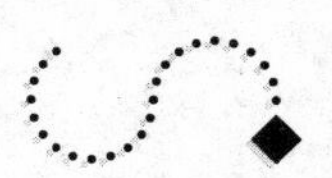


```
…
73              //创建接收用数据报报文
74              DatagramPacket packet=new DatagramPacket(buf, buf.length);
75              socket.receive(packet);                         //接收信息
76              String s=new String(packet.getData());      //将信息转换为字符串
77              s=s.trim();
78
79              flagstr=s.substring(0,16);                 //取得信息中的标志
80
81              p1=s.indexOf("USER=", 16);
82              if(p1!=-1){
83                  p2=s.indexOf(";", p1+5);
84                  userstr=s.substring(p1+5, p2);   //取得信息中的用户名
85
86                  p3=s.indexOf("IP=", p2+1);
87                  p4=s.indexOf(";;", p3+3);
88                  ipstr=s.substring(p3+3, p4);      //取得信息中的 IP 地址信息
89
90                  str=s.substring(p4+2);             //取得信息中的其他内容
91              }
…
95      }
97      public void actionPerformed(ActionEvent arg0) {
98          if("send"==arg0.getActionCommand()){            //在发送时产生的动作
…
103             lists.insert("     "+msg.getText()+"\n", 0);     //显示信息
104             lists.insert("我说: \n",0);
105             senddata("!SAY@CLIENT!USER="+user.getText()+";"+msg.getText());
                                                        //发送信息给服务器
…
109         else if("login"==arg0.getActionCommand()){   //在登录时产生的动作
…
114             if(senddata("!LOG@CLIENT!USER="+user.getText()+";"+
                         new String(pwd.getPassword()))){
115                 recvdata();
116                 if(flagstr.equals("!LOGOKOK@SERVER!")){        //登录成功
117                     login.setVisible(false);
118                     this.InitDialog();                          //显示主窗口
119                     t.start();        //开启线程,用于监听服务器端发送来的信息
120                 }
121                 else if(flagstr.equals("!LOGDENY@SERVER!")){ //登录被拒绝
…
125                 }
…
130         }
131         else if("reg"==arg0.getActionCommand()){         //注册时产生的动作
```

```
…
136             if(senddata("!REG@CLIENT!USER="+user.getText()+";"+
                      new String(pwd.getPassword()))){
137                recvdata();
138                if(flagstr.equals("!REGOKOK@SERVER!")){        //注册成功
…
140                }
141                else if(flagstr.equals("!REGDENY@SERVER!")){ //注册被拒绝
…
145                }
…
155         }
157         public void windowClosing(WindowEvent arg0) {
…
159             if(frame.getName()=="frame")          //关闭主窗口时要通知服务器
160                senddata("!BYE@CLIENT!USER="+user.getText()+";");
161
162             if(socket!=null){                     //关闭套接字
163                socket.close();
164                socket=null;
…
169         }
…
178         public static void main(String[] args) {
…
180             socket=new DatagramSocket();
181             JQQClient jqqclient=new JQQClient();
182             jqqclient.InigLogin();                //显示登录/注册窗口
183             t=new Thread(new JQQClient());
…
187         }
…
191         public void InigLogin(){                  //初始化登录/注册窗口
…
226         }
228         public void InitDialog(){                 //初始化主窗口
…
259     }
```

3. 服务器端程序 JQQServer.java 主要代码清单

```
…
9   public class JQQServer implements WindowListener {
11      private static Connection conn=null;
12      private static Statement stmt=null;
…
18      private static DatagramSocket socket=null;
19      private static DatagramPacket packet=null;
```

```
20
21        public void windowClosing(WindowEvent arg0) {
…
23                //查询数据表中所有已经被标志为上线的用户信息
24                ResultSet rs=stmt.executeQuery(
                     "SELECT `ip`,`port` FROM `user` WHERE `isonline`=1");
25                while(rs.next()){            //依次向其发送服务器就要关闭的信息
26                    senddata("!BYEBYE.@SERVER!", rs.getString("ip"), rs.getInt("port"));
27                }
28                rs.close();
29                //将全部用户的上线标志改为0,即没上线
30                stmt.executeUpdate("UPDATE `user` SET `isonline`=0, `ip`='', `port`=0");
31
32                if(stmt!=null){              //关闭数据库执行语句
33                    stmt.close();
34                    stmt=null;
35                }
36
37                if(conn!=null){              //关闭数据库连接
38                    conn.close();
39                    conn=null;
40                }
41
42                if(socket!=null){            //关闭套接字
43                    socket.close();
44                    socket=null;
45                }
…
49        }
…
58        private static void senddata(String str, String ip, int port){
…
62                buf=str.getBytes();
63                //创建发送数据报报文
64                packet=new DatagramPacket(buf, buf.length,
                        InetAddress.getByName(ip), port);
65                socket.send(packet);
…
71        }
73        public static void main(String[] args) {
…
80                //连接MySQL数据库
81                Class.forName("com.mysql.jdbc.Driver");
82                String url="jdbc: mysql: //127.0.0.1/javaqq?user=root&password=123456";
83                conn=DriverManager.getConnection(url);
84                stmt=conn.createStatement();
```

```
85
86              JQQServer jqqserver=new JQQServer();
87              list.clear();
88
89              socket=new DatagramSocket(12240);
                                          //创建端口号为 12240 的数据报套接字
90
91              while(true){
…
93                  packet=new DatagramPacket(buf, buf.length);
                                                      //创建接收用的套接字
94                  socket.receive(packet);           //接收数据
95                  s=new String(packet.getData());   //转换为字符串
96                  s=s.trim();
97
98                  flagstr=s.substring(0,12);        //取得标志
99                  p1=s.indexOf("USER=", 12);
100                 if(p1!=-1){
101                     p2=s.indexOf(";", p1+5);
102                     userstr=s.substring(p1+5, p2);  //取得信息中的用户名
103
104                     str=s.substring(p2+1);
105                 }
106                 ip=packet.getAddress().getHostAddress();
                                              //取得发送信息者的 IP 地址和端口号
107                 port=packet.getPort();
108
109                 if(flagstr.equals("!BYE@CLIENT!")){     //如果客户端退出
110                     stmt.executeUpdate(
                            "UPDATE `user` SET `isonline`=0,`ip`='',`port`=0"+
111                         "WHERE `username`='"+userstr +"' AND `ip`='"+ip +
112                         "'AND `port`="+port);
113                     list.removeElement(userstr+"("+ip+": "+port+")");
                                                      //从用户列表中移除用户
114                 }
115                 else if(flagstr.equals("!LOG@CLIENT!")){
                                                      //如果客户请求登录
116                     //访问数据库查看登录是否成功
117                     int i=stmt.executeUpdate(
                            "UPDATE `user` SET `isonline`=1, `ip`='" +ip+
118                         "', `port`="+port+" WHERE `username`='"+userstr +
119                         "' AND `password`='"+str +"'");
120                     if(i==1){                     //登录信息正确
121                         list.addElement(userstr+"("+ip+": "+port+")");
122                         senddata("!LOGOKOK@SERVER!", ip, port);
123                     }
```

```
124                 else{                                   //登录信息错误
125                     senddata("!LOGDENY@SERVER!", ip, port);
126                 }
127             }
128             else if(flagstr.equals("!REG@CLIENT!")){
                                                            //如果客户请求注册
129                 //访问数据库查看注册是否成功
130                 int i=stmt.executeUpdate("INSERT INTO `user` VALUES('"+
131                         userstr+"','"+str+"','',0,0)");
132                 if(i==1){                               //登录信息正确
133                     senddata("!REGOKOK@SERVER!", ip, port);
134                 }
135                 else{                                   //登录信息错误
136                     senddata("!REGDENY@SERVER!", ip, port);
137                 }
138             }
139             else if(flagstr.equals("!SAY@CLIENT!")){
                                                            //如果客户发送信息
140                 //从库中读取出用户上线情况,向每个上线用户发送数据。
141                 ResultSet rs=stmt.executeQuery("SELECT`ip`,`port`FROM`user`"+
142                     "WHERE`isonline`=1 AND `username`<>'"+userstr+"'");
143                 while(rs.next()){
144                     senddata("!SAYALL.@SERVER!USER="+userstr+";IP="+ip+";;
                         "+str, rs.getString("ip"), rs.getInt("port"));
145                 }
146                 rs.close();
147             }
...
160         }
162         public JQQServer(){                                 //初始化主窗口
...
173         }
174     }
```

7.4.2 运行结果

编写完成后,测试并运行程序。客户端向服务器注册/登录的界面如图7-14所示。服务器端程序运行界面如图7-15所示。

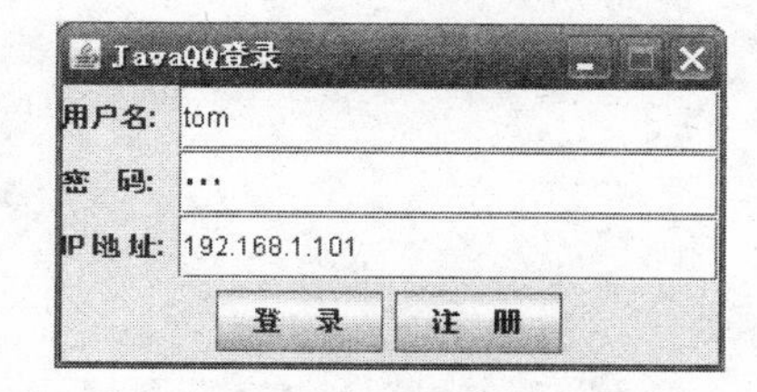

图7-14　客户端向服务器注册/登录的界面

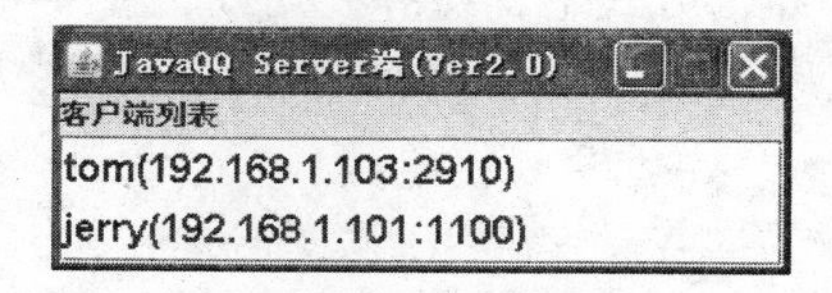

图7-15　服务器端程序运行界面

两个已经登录并进行通信的客户端程序运行界面如图 7-16 所示。

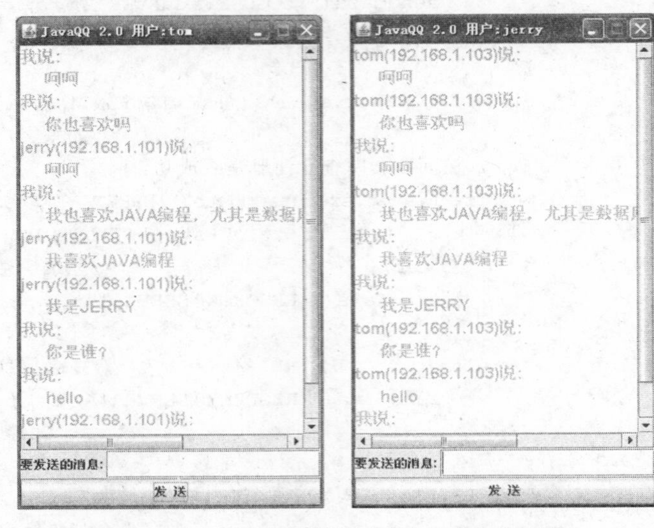

图 7-16　已经登录并进行通信的客户端程序

本章实训

1. 实训目的

(1) 了解 Java 网络程序设计方法，掌握 TCP 和 UDP 的基本编程技巧。

(2) 掌握使用 JDBC 对数据库进行访问和操作的方法。

2. 实训内容

采用 TCP 通信方式编写支持并发访问模式的网络即时通信程序。

3. 实训步骤

(1) 在 Eclipse 中新建项目、包和添加类文件，并增加对数据库的支持。

(2) 在类文件中编写编程代码。由于并发程序的处理主要在服务器端完成，因此客户端程序可以参看基础实例中的客户端程序。

客户端为了能够在 TCP 通信方式下支持并发访问，需要在服务器端使用多线程技术处理与每个客户端的连接，这些连接由服务器程序调用 ServerSocket 类中的 accept()方法获得，此方法会返回与客户端连接使用的套接字。

accept()方法被包含在一个循环中，每次有客户端连接，此方法都会返回一个新的套接字，然后通过启用一个新线程完成与客户端的通信，继而实现并发访问的功能。在 TCP 通信方式下支持并发访问的主要程序代码如下所示：

```
while (true) {
    Socket Client=null;
    try {
        Client=Server.accept();                         //接收客户端的连接请求
        Thread ClientThread=new Thread();               //创建一个线程
```

```
            ClientThread.start();                     //启动线程
        }catch (IOException e) {
            e.printStackTrace();
        }
    }
```

(3) 编写完成后,在 Eclipse 中调试并测试程序。

本章小结

通过本章的学习,读者可以了解并掌握有关 Java 网络程序设计和数据库编程的基本方法。本章以基础实例为引导,首先介绍了计算机网络基础知识和编写 Java 网络程序的方法,重点讲解了基于 TCP 和 UDP 的网络编程知识。然后介绍了 Java 中数据库编程的基本知识,着重讲解了访问 MySQL 数据库的方法。结合前面所讲内容,将基础实例进行扩展,完成了一个基于 UDP 协议、使用 MySQL 数据库存储用户信息的网络即时多人通信程序。

实例应用了用户界面设计、异常处理、多线程、网络程序设计和数据库编程等多方面的知识和技巧,使读者可以更进一步了解开发一个功能完善的 Java 程序的基本编程方法和设计思想。

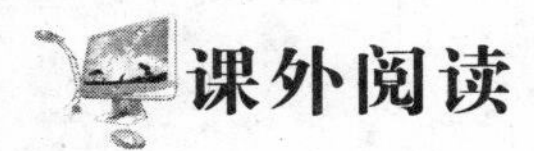

课外阅读

1. 关于 SQL

结构化查询语言是高级的非过程化编程语言,允许用户在高层数据结构上进行操作。它不要求用户指定对数据的存放方法,也不需要用户了解具体的数据存放方式,所以具有完全不同底层结构的不同数据库系统可以使用相同的 SQL 语言作为数据输入与管理的接口。

它以记录集合作为操作对象,所有 SQL 语句接受集合作为输入,返回集合作为输出,这种集合特性允许将一条 SQL 语句的输出作为另一条 SQL 语句的输入,所以 SQL 语句可以嵌套,这使得它具有极大的灵活性和强大的功能,在多数情况下,在其他语言中需要一大段程序实现的功能只需要一条 SQL 语句就可以达到目的,这也意味着用 SQL 语言可以写出非常复杂的语句。

1970 年 E. F. Codd 发表了关系数据库理论(Relational Database Theory);IBM 最早在圣约瑟研究实验室,以 Codd 的理论为基础为其关系数据库管理系统 SYSTEM R 开发了一种查询语言,称为 Sequel,之后重命名为 SQL。SQL 语言结构简洁,功能强大,简单易学,所以自从 IBM 公司 1981 年推出以来,SQL 语言得到了广泛的应用。

1979 年 Oracle 发布了商业版 SQL;从 1981 年到 1984 年又出现了其他商业版本,分别来自 IBM(DB2)、Data General(DG/SQL)、Relational Technology(INGRES)等,如今无论是像 Oracle、Sybase、Informix、SQL Server 这些大型的数据库管理系统,还是像 Visual FoxPro、PowerBuilder 这些 PC 上常用的数据库开发系统,都支持 SQL 语言作为

查询语言。

美国国家标准学会(American National Standards Institute,ANSI)与国际标准化组织(International Organization for Standardization,ISO)已经制定了 SQL 标准。ANSI 是一个美国工业和商业集团组织,负责开发美国的商务和通信标准。ANSI 同时也是 ISO 和国际电子技术委员会(International Electrotechnical Commission,IEC)的成员之一。

ANSI 发布了与国际标准化组织相应的美国标准。1986 年 ANSI 跟 ISO 发布了第一个标准 SQL/86;1989 年发布了增加了引用完整性(Referential Integrity)的 SQL/89;1992 年,ISO 和 IEC 发布了 SQL 国际标准,称为 SQL-92。ANSI 随之发布的相应标准是 ANSI SQL-92。ANSI SQL-92 有时也称为 ANSI SQL。尽管不同的关系数据库使用的 SQL 版本有一些差异,但大多数都遵循 ANSI SQL 标准,其已被数据库管理系统(DBMS)生产厂商广泛接受。比如 SQL Server 使用 ANSI SQL-92 的扩展集,称为 T-SQL,其遵循 ANSI 制定的 SQL-92 标准。

1997 年后成为动态网站(Dynamic Web Content)的后台支持;1999 年发布了支持内核级别和其他 8 种相应级别的 SQL/99(包括递归查询、程序跟流程控制、基本的对象支持等)的 SQL/99;2003 年发布了包含 XML 相关内容、自动生成列值(Column Values)等功能的 SQL/2003;2005 年 9 月底 Tim O'eilly 提出了 Web 2.0 理念,称数据将是核心,SQL 将成为"新的 HTML"(Data is the next generation inside...SQL is the new HTML);2006 年在 SQL/2006 中定义了 SQL 与 XML 的关联应用,同年 SUN 公司在以 SQL 为基础的数据库管理系统中嵌入 Java V6。

SQL 语言包含如下 4 个部分。

(1) 数据定义语言(DDL),例如 CREATE、DROP、ALTER 等语句。

(2) 数据操作语言(DML),例如 INSERT(插入)、UPDATE(修改)、DELETE(删除)语句。

(3) 数据查询语言(DQL),例如 SELECT 语句。

(4) 数据控制语言(DCL),例如 GRANT、REVOKE、COMMIT、ROLLBACK 等语句。

2. 关于 JDBC

JDBC 是一种用于执行 SQL 语句的 Java API,可以为多种关系数据库提供统一访问,它由一组用 Java 语言编写的类和接口组成。JDBC 为工具/数据库开发人员提供了一个标准的 API,据此可以构建更高级的工具和接口,使数据库开发人员能够用纯 Java API 编写数据库应用程序,同时 JDBC 也是个商标名。

有了 JDBC,向各种关系数据发送 SQL 语句就是一件很容易的事。换言之,有了 JDBC API,就不必为访问某个数据库专门编写一个程序,而访问另一个数据库时又需要专门编写一个程序,程序员只需用 JDBC API 编写一个程序就够了,它可向相应数据库发送 SQL 调用。同时,将 Java 语言和 JDBC 结合起来使程序员不必为不同的平台编写不同的应用程序,只需要写一遍程序就可以让它在任何平台上运行,这也是 Java 语言"编写一次,处处运行"的优势。

Java 数据库连接体系结构是用于 Java 应用程序连接数据库的标准方法。JDBC 对

Java程序员而言是API，对实现与数据库连接的服务提供商而言是接口模型。作为API，JDBC为程序开发提供了标准的接口，并为数据库厂商及第三方中间件厂商实现与数据库的连接提供了标准方法。JDBC使用已有的SQL标准并支持其他数据库连接标准，如ODBC之间的桥接。JDBC实现了面向标准的目标，并且具有简单，严格类型定义且高性能实现的接口。

注：上述两篇课外阅读文章摘编自百度百科。

课后作业

1. 修改扩展实例，在服务器端增加对已注册用户的删除功能。

2. 如何在Eclipse中增加对Oracle数据库的支持？并编写一个可以访问Oracle数据库中数据的Java程序。

附录 A　Java 常用类

接口名：ActionListener
说明：用于接收操作事件的监听器接口
所属包：java. awt. event
常用方法：

方法名	说明
void actionPerformed(ActionEvent e)	发生操作时调用

类名：Applet
说明：表示打印输出流
所属包：java. io
常用方法：

方法名	说明
void paint (Graphics g)	绘制内容
void init()	由浏览器或 applet viewer 调用，通知此 applet 它已经被加载到系统中

类名：Boolean
说明：表示 boolean 类型数据的封装类
所属包：java. lang
常用方法：

方法名	说明
int parseBoolean (String s)	将字符串转换成 boolean 型数据
String toString(boolean)	将 boolean 型数据转换成字符串

类名：BufferedReader
说明：从字符输入流中读取文本，缓冲各个字符

所属包：javax.io
常用方法：

方法名	说明
void close()	关闭流
void mark(int readAheadLimit)	标记当前位置
boolean markSupported()	是否支持标记
int read()	继承自 Reader 的基本方法
int read(char[] cbuf, int off, int len)	继承自 Reader 的基本方法
String readLine()	读取一行内容并以字符串形式返回
boolean ready()	判断流是否已经做好读入的准备
void reset()	重设到最近的一个标记
long skip(long n)	跳过指定个数的字符读取

类名：Byte
说明：表示 byte 类型数据的封装类
所属包：java.lang
常用方法：

方法名	说明
int parseByte (String s)	将字符串转换成 byte 型数据
String toString(byte b)	将 byte 型数据转换成字符串

类名：Character
说明：表示 char 类型数据的封装类
所属包：java.lang
常用方法：

方法名	说明
String toString(int i)	将 char 型数据转换成字符串

类名：DatagramPacket
说明：表示数据报包
所属包：java.net
常用方法：

方法名	说　明
InetAddress getAddress()	返回某台计算机的 IP 地址,此数据报将要发往该计算机或者是从该计算机接收到的
byte[] getData()	返回数据缓冲区
int getLength()	返回将要发送或接收到的数据的长度
int getPort()	返回某台远程主机的端口号,此数据报将要发往该主机或者是从该主机接收到的
SocketAddress getSocketAddress()	获取要将此包发送到的或发出此数据包的远程主机的 SocketAddress(通常为 IP 地址+端口号)
void setAddress(InetAddress iaddr)	设置要将此数据报发往的那台机器的 IP 地址
void setData(byte[] buf)	为此包设置数据缓冲区
void setLength(int length)	为此包设置长度
void setPort(int iport)	设置要将此数据报发往的远程主机的端口号
void setSocketAddress (SocketAddress address)	设置要将此数据报发往的远程主机的 SocketAddress(通常为 IP 地址+端口号)

类名：DatagramSocket

说明：表示用来发送和接收数据报包的套接字

所属包：java. net

常用方法：

方法名	说　明
void bind(SocketAddress addr)	将此 DatagramSocket 绑定到特定的地址和端口
void close()	关闭此数据报套接字
void connect(InetAddress address, int port)	将套接字连接到此套接字的远程地址
void receive(DatagramPacket p)	从此套接字接收数据报包
void send(DatagramPacket p)	从此套接字发送数据报包

类名：Double

说明：表示 double 类型数据的封装类

所属包：java. lang

常用方法：

方法名	说　明
int parseDouble (String s)	将字符串转换成 double 型数据
String toString(double d)	将 double 型数据转换成字符串

类名：File

说明：文件和目录路径名的抽象表示形式

所属包：javax.io

常用方法：

方法名	说明
public String getName()	返回由此抽象路径名表示的文件或目录的名称。该名称是路径名称序列中的最后一个名称。如果路径名称序列为空，则返回空字符串
public String getPath()	将此抽象路径名转换为一个路径名字符串。所得到的字符串使用默认名称分隔符来分隔名称序列中的名称
public boolean exists()	测试此抽象路径名表示的文件或目录是否存在
public boolean isDirectory()	测试此抽象路径名表示的文件是否是一个目录
public boolean createNewFile() throws IOException	当且仅当不存在具有此抽象路径名指定的文件时，原子地创建由此抽象路径名指定的一个新的空文件。检查文件是否存在，如果不存在则创建该文件，这是单个操作，对于其他所有可能影响该文件的文件系统活动来说，该操作是原子的
public boolean mkdir()	创建此抽象路径名指定的目录

类名：Float

说明：表示 float 类型数据的封装类

所属包：java.lang

常用方法：

方法名	说明
int parseFloat(String s)	将字符串转换成 float 型数据
String toString(float f)	将 float 型数据转换成字符串

类名：Graphics

说明：applet 是一种不能单独运行但可嵌入在其他应用程序中的小程序。Applet 类提供了 applet 及其运行环境之间的标准接口

所属包：java.awt

常用方法：

方法名	说明
void drawString(String s, int x, int y)	在指定的位置绘制字符串

类名：Integer

说明：表示 int 类型数据的封装类

所属包：java.lang

常用方法：

方法名	说明
int parseInt (String s)	将字符串转换成 int 型数据
String toString(int i)	将 int 型数据转换成字符串

类名：JButton

说明：push 按钮的实现

所属包：javax. swing

常用方法：

方法名	说明
String paramString()	返回此 JButton 的字符串表示形式
String getUIClassID()	返回指定呈现此组件的 L&F 类的类名，采用字符串的形式
boolean isDefaultButton()	获取 defaultButton 属性的值，如果为 true 则意味着此按钮是其 JRootPane 的当前默认按钮
protected String paramString()	返回此 JButton 的字符串表示形式
void removeNotify()	重写 JComponent. removeNotify 来检查此按钮当前是否被设置为 RootPane 上的默认按钮，如果是，则将 RootPane 的默认按钮设置为 null，以确保 RootPane 不继续停留在无效的按钮引用上
void setDefaultCapable (boolean defaultCapable)	设置 defaultCapable 属性，用于确定此按钮是否可以是其根窗格的默认按钮
void updateUI()	利用当前外观的值重置 UI 属性

类名：JCheckBoxMenuItem

说明：可以选定或取消选定的菜单项

所属包：javax. swing

常用方法：

方法名	说明
boolean getState()	返回菜单项的选定状态
void setState(boolean b)	设置菜单项的选定状态

类名：JDialog

说明：创建对话框的主要类

所属包：javax. swing

常用方法：

方法名	说明
Container getContentPane()	返回此对话框的 contentPane 对象
void remove(Component comp)	从该容器中移除指定组件

类名：JFrame

说明：表示图形用户界面的框架类

所属包：javax. swing

常用方法：

方法名	说明
Container getContentPane()	返回此窗体的 contentPane 对象
JMenuBar getJMenuBar()	返回在此窗体上设置的菜单栏
void setDefaultCloseOperation(int operation)	设置默认关闭操作
void setDefaultLookAndFeelDecorated (boolean defaultLookAndFeelDecorated)	提供一个关于新创建的 JFrame 是否应该具有当前外观为其提供的 Window 装饰(如边框、关闭窗口的小部件、标题等)的提示
void setIconImage(Image image)	设置要作为此窗口图标显示的图像
void setJMenuBar(JMenuBar menubar)	设置此窗体的菜单栏

类名：JMenu

说明：菜单的实现

所属包：javax. swing

常用方法：

方法名	说明
JMenuItem add(Action a)	创建连接到指定 Action 对象的新菜单项，并将其追加到此菜单的末尾
Component add(Component c)	将组件追加到此菜单的末尾
void addSeparator()	将新分隔符追加到菜单的末尾
void addMenuListener(MenuListener l)	添加菜单事件的监听器
JMenuItem add(JmenuItem menuItem)	将某个菜单项追加到此菜单的末尾
JMenuItem insert(JmenuItem mi, int pos)	在给定位置插入指定的 JMenuItem
void insertSeparator(int index)	在指定的位置插入分隔符
void remove(Component c)	从此菜单移除组件 c
void setMnemonic(int mnemonic)	设置按钮的助记符

类名：JMenuItem

说明：创建菜单项对象

所属包：javax. swing

常用方法：

方法名	说　明
void addMenuDragMouseListener (MenuDragMouseListener l)	将 MenuDragMouseListener 添加到菜单项中
KeyStroke getAccelerator()	返回作为菜单项的加速器的 KeyStroke
void AddMenuKeyListener(MenuKeyListener l)	将 MenuKeyListener 添加到菜单项中
void setEnabled (Boolean b)	启用或禁用菜单项

类名：JOptionPane

说明：JOptionPane 有助于方便地打开要求用户提供值或向其发出通知的标准对话框

所属包：javax. swing

常用方法：

方法名	说　明
void showMessageDialog(Component parentComponent, Object message)	打开标题为 Message 的消息对话框
void showMessageDialog(Component parentComponent, Object message, String title, int messageType)	打开对话框，显示使用由 messageType 参数确定的默认图标的消息
String showInputDialog(Object message)	显示请求用户输入的问题消息对话框

类名：JPanel

说明：表示图形用户界面的面板类

所属包：javax. swing

常用方法：

方法名	说　明
AccessibleContext getAccessibleContext()	获取与此 JPanel 关联的 AccessibleContext
PanelUI getUI()	返回呈现此组件的外观 (L&F) 对象
protected String paramString()	返回此 JPanel 的字符串表示形式
void setUI(PanelUI ui)	设置呈现此组件的外观 (L&F) 对象
void updateUI()	利用当前外观的值重置 UI 属性

类名：JTextArea

说明：显示纯文本的多行区域

所属包：javax. swing

常用方法：

方法名	说明
void append(String str)	将给定文本追加到文档结尾
int getColumns()	返回 TextArea 中的列数
int getRows()	返回 TextArea 中的行数
insert(String str, int pos)	将指定文本插入指定位置
setFont(Font f)	设置当前字体

类名：JTextField
说明：编辑单行文本
所属包：javax. swing
常用方法：

方法名	说明
addActionListener(ActionListener l)	添加指定的操作监听器以从此文本字段接收操作事件
int getColumns()	返回此 TextField 中的列数
void setFont(Font f)	设置当前字体
String paramString()	返回此 JTextField 的字符串表示形式
protected void actionPrope prtyChanged(Action action, String propertyName)	更新文本字段的状态以响应关联动作中的属性更改
ActionListener[] getActionListeners()	返回通过 addActionListener() 添加到此 JTextField 中的所有 ActionListener 的数组
Action[] getActions()	获取编辑器的命令列表
protected int getColumnWidth()	返回列宽度
Int getHorizontalAlignment()	返回文本的水平对齐方式
BoundedRangeModel getHorizontalVisibility()	获取文本字段的可见性
Dimension getPreferredSize()	返回此 TextField 所需的首选大小 Dimensions
Int getScrollOffset()	获取滚动偏移量(以像素为单位)
void setColumns(int columns)	设置此 TextField 中的列数,然后验证布局
void setHorizontalAlignment(int alignment)	设置文本的水平对齐方式
void setScrollOffset(int scrollOffset)	获取滚动偏移量(以像素为单位)

类名：Long
说明：表示 long 类型数据的封装类
所属包：java. lang
常用方法：

方法名	说明
int parseLong(String s)	将字符串转换成 long 型数据
String toString(long)	将 long 型数据转换成字符串

类名：Math

说明：表示数学类，Math 类包含用于执行基本数学运算的方法

所属包：java. lang

常用方法：

方法名	说明
double random()	返回带正号的 double 值，该值大于等于 0.0 且小于 1.0

类名：PrintStream

说明：表示打印输出流

所属包：java. io

常用方法：

方法名	说明
void print(boolean b)	打印 boolean 值
void print(char c)	打印字符
void print(int i)	打印整数
void print(long l)	打印 long 整数
void print(float f)	打印单精度浮点数
void print(double b)	打印双精度浮点数
void print(char[] s)	打印字符数组
void print(String s)	打印字符串
void print(Object obj)	打印对象
void println()	通过写入行分隔符字符串终止当前行
void println(boolean b)	打印 boolean 值，然后终止行
void println(char c)	打印字符，然后终止行
void println(int i)	打印整数，然后终止行
void println(long l)	打印 long 整数，然后终止行
void println(float f)	打印单精度浮点数，然后终止行
void println(double b)	打印双精度浮点数，然后终止行
void println(char[] s)	打印字符数组，然后终止行
void println(String s)	打印字符串，然后终止行
void println(Object obj)	打印对象，然后终止行

类名：Short

说明：表示 short 类型数据的封装类

所属包：java. lang

常用方法：

方法名	说明
int parseShort (String s)	将字符串转换成 short 型数据
String toString(Short s)	将 short 型数据转换成字符串

类名：ServerSocket

说明：此类实现服务器套接字，实例等待请求通过网络传入，它基于该请求执行某些操作，然后可能向请求者返回结果

所属包：java. net

常用方法：

方法名	说明
Socket accept()	侦听并接收到此套接字的连接
void bind(SocketAddress endpoint)	将 ServerSocket 绑定到特定地址(IP 地址和端口号)
void close()	关闭此套接字

类名：Socket

说明：此类实现客户端套接字

所属包：java. net

常用方法：

方法名	说明
void bind(SocketAddress bindpoint)	将套接字绑定到本地地址
void close()	关闭此套接字
void connect(SocketAddress endpoint)	将此套接字连接到服务器

类名：String

说明：表示字符串包

所属包：java. lang

常用方法：

方法名	说明
int length()	返回字符串长度

类名：System

说明：表示系统包

所属包：java.lang

常用变量：

变量名	说　明
static PrintStream out	标准输出流

常用方法：

方法名	说　明
void exit(int status)	终止当前正在运行的 Java 虚拟机

类名：WindowAdapter

说明：表示窗口的适配器

所属包：java.awt.event

常用方法：

方法名	说　明
void windowActivated(WindowEvent e)	激活窗口时调用
void windowClosed(WindowEvent e)	当窗口已被关闭时调用
void windowClosing(WindowEvent e)	窗口正处在关闭过程中时调用
void windowDeactivated(WindowEvent e)	停用窗口时调用
void windowDeiconified(WindowEvent e)	取消图标化窗口时调用
void windowGainedFocus(WindowEvent e)	窗口获得焦点时调用，这意味着该 Window 或其某个子组件将接收键盘事件
void windowIconified(WindowEvent e)	窗口图标化时调用
void windowOpened(WindowEvent e)	已打开窗口时调用
void windowStateChanged(WindowEvent e)	窗口状态改变时调用

附录 B　Java 常用异常

异常名称：BindException

说明：在试图将套接字绑定到本地地址和端口时发生错误时，抛出此异常。这些错误通常发生在端口正在使用中或无法分配所请求的本地地址时。

所属包：java.net

异常名称：ClassCastException

说明：当试图将对象强制转换为不是实例的子类时，抛出该异常。

所属包：java.lang

异常名称：ConnectException

说明：当试图将套接字连接到远程地址和端口时发生错误时，抛出此异常。这些错误通常发生在拒绝远程连接时。

所属包：java.net

异常名称：HeadlessException

说明：在不支持键盘、显示器或鼠标的环境中调用与键盘、显示器或鼠标有关的代码时，抛出此异常。

所属包：java.awt

异常名称：IllegalArgumentException

说明：抛出的异常表明向方法传递了一个不合法或不正确的参数。

所属包：java.lang

异常名称：IOException

说明：当发生某种 I/O 异常时，抛出此异常。此类为异常的通用类，它是由失败的或中断的 I/O 操作生成的。

所属包：java.io

异常名称：NullPointerException

说明：当应用程序试图在需要对象的地方使用 null 时，抛出该异常。

所属包：java.lang

异常名称：SocketException

说明：抛出此异常表明在底层协议中存在错误。

所属包：java.net

异常名称：UnknownHostException

说明：当主机 IP 地址无法确定时抛出此异常。

所属包：java.net

附录 C　Java 在网站建设应用中的小技巧

1. 使用非阻塞 I/O

版本较低的 JDK 不支持非阻塞 I/O API。为避免 I/O 阻塞，一些应用采用了创建大量线程的办法(在较好的情况下会使用一个缓冲池)。这种技术可以在许多必须支持并发

I/O 流的应用中见到，如 Web 服务器、报价和拍卖应用等。然而，创建 Java 线程需要相当可观的开销。JDK 1.4 引入了非阻塞的 I/O 库(java.nio)。

2. 不要重复初始化变量

在默认情况下，调用类的构造函数时，Java 会把变量初始化成确定的值：所有的对象被设置成 null，整数变量(byte、short、int、long)被设置成 0，float 和 double 变量被设置成 0.0，逻辑值被设置成 false。当一个类从另一个类派生时，这一点尤其应该注意，因为用 new 关键词创建一个对象时，构造函数链中的所有构造函数都会被自动调用。

3. 尽量指定类的 final 修饰符

带有 final 修饰符的类是不可派生的。如果指定一个类为 final，则该类所有的方法都是 final。Java 编译器会寻找机会内联(Inline)所有的 final 方法(这和具体的编译器实现有关)，这样做能够使性能平均提高 50%。

4. 尽量使用局部变量

调用方法时传递的参数以及在调用中创建的临时变量都保存在栈(Stack)中，速度较快。其他变量，如静态变量、实例变量等，都在堆(Heap)中创建，速度较慢。另外，依赖于具体的编译器/JVM，局部变量还可能得到进一步优化。

5. 慎用异常

异常对性能不利。抛出异常首先要创建一个新的对象。Throwable 接口的构造函数调用名为 fillInStackTrace()的本地(Native)方法，fillInStackTrace()方法检查堆栈，收集调用跟踪信息。只要有异常被抛出，VM 就必须调整调用堆栈，因为在处理过程中创建了一个新的对象。异常只能用于错误处理，不应该用来控制程序流程。

6. 解决 session 共享问题

JavaScript 文件的后缀一般都是.js，但是只要在.js 文件的头部加上一条语句：＜％@ page language＝"java" contentType＝"text/html"; charset＝"utf－8"％＞，就可以将.js 文件变为.jsp 文件。这样，原来.js 里面的所有 JavaScript 功能并不会受到影响，而此时的 JSP 文件可以取得网站中 Tomcat 服务器中的任何 session 信息。

需要注意的是，如果使用这种 JSP TYPE 的.js 文件来获取用户登录的 session 状态数据，在 IE 浏览器中不会很及时地刷新，即某用户已经退出登录时在 IE 页面上的 session 状态数据可能是旧的。

解决方法是：设置该文件的 Cache-Control 为 no-cache，也就是让浏览器每次都重新提取相关的 session 数据而不使用本地浏览器的缓存。

7. 用 JAR 压缩类文件

Java 档案文件(JAR 文件)是根据 JavaBean 标准压缩的文件，是发布 JavaBean 组件的主要方式和推荐方式。JAR 档案有助于减小文件大小，缩短下载时间。一个 JAR 文件可以包含一个或者多个相关的 Bean 以及支持文件，比如图形、声音、HTML 和其他资源。

要在 HTML/JSP 文件中指定 JAR 文件，只需在 Applet 标记中加入 ARCHIVE＝"name.jar"声明。

8. 使用 javap 深入查看类文件

Java 开发人员都知道在一个循环中使用 StringBuffer 来代替串联 String 对象能获

得最佳性能。然而，多数开发人员都没有比较过两种方法产生的字节代码的区别。在Java开发工具包(JDK)中有一个叫做javap的工具，由该工具可知为什么这样做可以获得最佳性能。

javap将一个类和它的方法的一些转储信息输出到标准输出。该工具不把代码反编译为Java源代码，但是它会把字节代码反汇编成为由Java虚拟机规范定义的字节代码指令。在需要查看编译器做了什么的时候，或者需要查看一处代码的改动对编译后的类文件有什么影响的时候，javap相当有用。

9. 用Java获得IP地址的简单方法

提供这个功能的类叫做java.net.InetAddress。假设现在有这样一个域名，它用一个静态的getByName来重新获得一个InetAddress，然后得到可以读出的IP地址。下面的代码是非常基本的命令行。

```
import java.net.InetAddress;
import java.net.UnknownHostException;
    public class NsLookup {
    static public void main(String[] args) {
    try {
        InetAddress address=InetAddress.getByName(args[0]);
        System.out.println(args[0]+": "+address.getHostAddress());
      }
      catch(UnknownHostException uhe) {
      System.err.println("Unable to find: "+args[0]);
      }
    }
}
```

InetAddress也可以通过使用getAddress()来获得IP地址，但是它的返回值是一个4个字节的数组。因此尽管getAddress()在获得IP方面是有用的，但却不适于用来输出。

10. 随机数获取背景音乐

随机数：

Random[type,range]：产生type类型并且在RANGE范围内均匀分布的随机数。

Random[]：产生0～1上的随机数。

SeedRandom[n]：以n为seed产生伪随机数。

Randomldistribution：可以产生各种分布。

获取背景音乐源代码：

```
import java.awt.*;
import java.awt.event.*;
import java.applet.Applet;
import java.applet.AudioClip;
public class LX_Thread extends Applet implements ItemListener,ActionListener
{
    AudioClip sound;
```

```
    Choice c=new Choice();
    Button play=new Button("播放");
    Button loop=new Button("连续");
    Button stop=new Button("停止");
    public void init(){
    c.add("t.wav"); c.add("y.wav"); c.add("yd.wav");
    add(c);
    c.addItemListener(this);
    add(play);add(loop);add(stop);
    play.addActionListener(this);
    loop.addActionListener(this);
    stop.addActionListener(this);
    sound=getAudioClip(getCodeBase(),"t.wav");
    sound.play();
}
public void itemStateChanged(ItemEvent e){
sound.play();
//sound=getAudioClip(getCodeBase(),c.getSelectedItem());//"WAV/"+
}
public void actionPerformed(ActionEvent e){
if(e.getSource()==play) sound.play();
else if(e.getSource()==loop) sound.loop();
else if (e.getSource()==stop) sound.stop();
}
}
```

注：附录 C 中内容均来源于 http：//emuch. net/bbs/。

参 考 文 献

[1] 苏洋. Java 语言实用教程[M]. 北京：北京希望电子出版社，2003.
[2] 耿祥义. Java 2 实用教程[M]. 2 版. 北京：清华大学出版社，2004.
[3] 王萌. Java 程序设计[M]. 北京：冶金工业出版社，2004.
[4] 张白一. 面向对象程序设计——Java[M]. 西安：西安电子科技大学出版社，2005.
[5] 张孝祥. Java 就业培训教程[M]. 北京：清华大学出版社，2008.
[6] 张亦辉. Java 面向对象程序设计[M]. 北京：人民邮电出版社，2010.
[7] 辛立伟. Java 从初学到精通[M]. 北京：电子工业出版社，2010.
[8] http://www. baidu. com.
[9] http://www. ibm. com.
[10] http://emuch. net/bbs/.